NEVER

イノベーティブに勝ち抜く経営
Winning through Innovation

STOP

Philip Kotler
フィリップ・コトラー

Shigetaka Komori
古森重隆

恩藏直人
［訳］

日本経済新聞出版

はじめに

フィリップ・コトラー

本書『Never Stop――Winning through Innovation』(邦題:NEVER STOP イノベーティブに勝ち抜く経営)は、崩壊寸前だった富士フイルムの驚異的な再生を描いたすばらしいストーリーである。この書籍を共に著したことで、富士フイルムの会長・CEOの古森重隆氏と私は、親密な関係を築いた。本書では、イノベーションとマーケティングを用いて勝利をつかむ、「コトラー・古森ウエイ」を紹介する。古森氏は、イノベーションの力を象徴する存在である。一方、私はマーケティングの力を象徴する存在であると思いたい。このイノベーションとマーケティングこそが、富士フイルムの並外れた成功の鍵を握っていると考える。

古森氏の経営理念は、顧客を含む全てのステークホルダーと社会に価値をもたらす優れた製品とサービスを開発・提供することにより、富士フイルムの未来を築くことである。私の経営理念は、マーケティングを通じて、より良い世界を創ることである。

ピーター・ドラッカーは、「会社が成功するには、何が必要ですか?」と問われ、次のように答えた。「2つある。それは、イノベーションとマーケティングだ」。イノベーションを生み出していても、マーケティングがうまくない会社は、失敗するだろう。マーケティングは巧みだが、イノベーションに劣る会社も、成功しないだろう。

富士フイルムの変革ストーリーは、企業の歴史の中で模範となるはずである。写真フィルムとフィルムカメラ市場の凋落により主力ビジネスを失い、崩壊の危機に直面したコダックと富士フイルムは、それぞれ違う運命を選択した。「フィルムの巨人」コダックは断念し、破産法適用を申請した。富士フイルムは、死から蘇る不死鳥のように回復し、今や「写真の会社」にとどまらない。写真フィルムの技術開発で培い進化させてきたナノ分散技術や機能性分子技術に関する知識を医薬品開発に活用しているほか、製膜技術や粒子形成技術をモバイル機器のタッチパネルで使用されているフィルムに活用している。これらのイノベーションによって、富士フイルムは各市場のリーダーに躍り出て、未来に向けたイノベーション経営におけるパイオニアとして位置付けられている。富士フイルムは、いかにしてこのトランスフォーメーションを遂げることができたのか……これが本書の核心である。

賢明なCEOである古森氏は、「フィルム製造に関わる技術の中には、他の分野に応用できるものがたくさんある」と述べ、富士フイルムにはさまざまな潜在的用途がある技術が数多くあることを認識していた。カラーフィルムは、ベースフィルムの上に様々な機能を持つ化合物を20層にコーティングして作られており、美しい色彩の写真を生み出す。古森氏は従業員に対して、富士フイルムの独自技術を精査し、どの技術がヘルスケア、医療機器、イメージング（デジタルカメラ、インスタントフォトシステムなど）、高機能材料、あるいは化粧品など別の分野に転用できるか見直すよう指示した。

従業員の士気を高める指導力を備えた古森氏は、熱意と技術力を兼ね備えたイノベーターを目指すよう、従業員に訴えた。自分のことだけを考えるのではなく、会社全体のことを考えるよう求め、チームワークの精神を鼓舞《こぶ》した。そうすることで、従業員は、仲間と協力して成果を上げる創造的な能力を発揮した。古森氏は、オープンで継続的なイノベーションとマーケティングを通じた勝利の考え方を富士フイルムに導入した。

古森氏は、成功する会社は、人間主義的な経営、人間主義的なイノベーション、人間主義的なマーケティングを実践していると考えていた。会社は人である。従業員を尊重し、会社の成功を共有すれば、従業員の士気が高まり、意欲的に仕事に取り組む。株主にしか注目しない企業では、従業員のエンゲージメントや意欲が低下する。そのような企業は長続きしないだろう。古森氏は、企業はすべてのステークホルダーに報いるべきだということを理解している。古森氏は、自らのイノベーションモデルにおいて、「企業は社会が直面している課題を、事業活動を通じて解決するために存在している」と明確に定義している。そして、企業の本質とは、「有益な製品・サービスを社会に提供し、そこから得た収益を、社会をより良いものにしていくための優れた製品・サービスの開発に充てるというサイクルを繰り返し、持続的に存続させることだ」としている。古森氏は、このことを従業員にも明確に伝えている。

企業は、従業員、サプライヤー、販売パートナー、そして、自身がビジネスを展開するすべての地域社会を正しく認識し、尊重しなければならない。

本書は、単に製品やサービスの販売について説明したものではなく、未来の探求と構築を取り上げた本である。企業が著した書籍の多くは、自社のメッセージを物語化し（ストーリーテリング）、共感を得ているが、富士フイルムの場合は、その変革の物語そのものが紡ぎだされる過程について語られて（ストーリーメーキング）おり、実際に結果につながる行動に取り組んでいる。経営者、そしてあらゆるレベルのビジネスパーソンがこの本を手に取ってくれることを期待する。また、イノベーション管理やマーケティングを教える教授がこの本を読んでくれることを期待する。そうすれば、人類、イノベーション、社会を重要視し、マーケティングを通じたより良い世界を生み出す世代が生まれるだろう。

各章の内容に少し触れておきたい。第1章では、古森会長のリーダーシップの下に実現した富士フイルムの革新的成功の軌跡をたどり、イノベーション創出のために蓄積した知識・技術をいかに融合したかを紹介する。第2章で古森会長の視点から事業のトランスフォーメーションを振り返った後、第3章で古森氏が社内で展開したマネジメントアプローチ「富士フイルムウエイ」について分析する。第4章では、イノベーションの捉え方の変化と、富士フイルムを筆頭に複数の企業によって推進されている、人間的・社会的影響を重視する考えについて見ていく。第5章では、なぜイノベーションにおいて人間的・社会的アプローチが必要不可欠であるのか、そして古森氏はそれをどのように実現したのかを詳しく説明する。第6章では、古森氏によるマネジメント哲学とリーダーシップ哲学の概要を述べる。第7章では、実践知に基づいた、直観型の古森経営哲学を分析する。第8章では、より良い世界を実現するためのマーケティングという点から、コトラーウエイについて説明する。第9章では、古森氏と私のアプローチを融合させた「コトラー・古森ウエイ」を紹介する。第10章では、富士フイルムの将来ビジョンについて、富士フイルムのCSR計画「サステナブル・バリュー・プラン2030」と富士フイルムが推進するグローバルブランディングキャンペーン「NEVER STOP 挑戦だけが未来をつくる」の観点から概説する。最終章では、コトラー・古森ウエイの核心について改めて触れる。その上で、イノベーションの新たなフェーズへと移行し、よりよい社会の実現に向けて歩み続ける富士フイルムの取り組みを確認する。

本書は、Never Stop イノベーションのコンセプトを称賛している。3M、レゴ、アップル、イケア、ディズニーなどの企業は、Never Stop イノベーターだと言える。これらの企業は、世界が常に変わり続けており、立ち止まってはならないことを知っている。また、会社というものが少しずつ行き詰まっていくことも知っている。本書は、「行き詰まったとしても諦めてはならない。決して立ち止まってはならない」と訴えている。このストーリーを通じて、読者の会社が新たな人材、能力、機会を発見できるようになるだろう。企業は、トレンドを研究し、行き詰まりを予測し、会社を成長・繁栄させるソリューションを見出す必要がある。

そのようなソリューションには、Never Stop イノベーションの精神だけでなく、Never Stop マーケティングの精神をも組み込む必要がある。マーケティングは、常に変化している。マスマーケティングは、今でも重要な役割を担っているが、もはや十分ではない。デジタル時代が到来し、消費者は、企業の広告や販促よりも大きな影響力を持つプロデューサー、ブロードキャスター、インフルエンサーとなった。新たなマーケティングでは、取引先、サプライヤー、販売代理店は、企業が最高の製品やサービスを生み出す際の参加者であり、アドバイザーであることが求められる。Never Stop マーケティングを行う者は、価値を創出し、最高のサービス提供を目指すチームプレーヤーから構成されるコミュニティを精力的に築いている。全ての経営者は、成功のために Never Stop イノベーションと Never Stop マーケティングを肝に銘じるべきだ。

〈編集部注〉
本書は『Never Stop——Winning through Innovation』の日本語版です。本文中の参照ページはすべて英語の参考文献の該当ページを指します。

NEVER STOP
イノベーティブに勝ち抜く経営

目次

CHAPTER 1

デジタル化による破壊と富士フイルムのトランスフォーメーション

Digital Disruption and Fujifilm's Transformation

――フィリップ・コトラー

CHAPTER 2

富士フイルムの改革　絶対に負けられない戦い

Fujifilm's Reform ── A Battle That Cannot Be Lost

──古森重隆

CHAPTER 3

「富士フイルムウエイ」の分析

Deconstructing the Fujifilm Way

——フィリップ・コトラー

CHAPTER 4

イノベーションの地勢の再マッピング

Re-mapping the Terrain of Innovation

——フィリップ・コトラー

CHAPTER 5

Toward Humanistic Approach for Generating Social Innovation

社会的イノベーションを創出する人間主義的アプローチ

――フィリップ・コトラー

CHAPTER 6 Komori's Management Approach

古森のマネジメント・アプローチ

――古森重隆

CHAPTER 7 The Komori Way : Phronesis in Action

古森ウエイ　フロネシスの実践

――フィリップ・コトラー

CHAPTER 8

コトラーの見解「マーケティングでより良い世界に」

The Kotler Way : Marketing for a Better World

――フィリップ・コトラー

CHAPTER 9

コトラー・古森ウエイの紹介

Introducing the Kotler-Komori Way

――フィリップ・コトラー

CHAPTER 10 富士フイルムのビジョン

Fujifilm's Vision

――古森重隆

CHAPTER 1

Digital Disruption and Fujifilm's Transformation

デジタル化による破壊と富士フイルムのトランスフォーメーション

――フィリップ・コトラー

樹木にとって最も大切なものは何かと問うたら、
それは果実だと誰もが答えるだろう。しかし実際には種なのだ。
——フリードリヒ・ニーチェ

はじめは40社あった。それから4社となり、さらに2社となり、最後に1社だけが残った。[1]そして今、その「1社」は、複数の新しい市場で新たな競合との争いを展開している。しなやかな強さを持ち続け、立ち止まることなく「Never Stop」でイノベーションを起こし続けている。[2]その企業は、フィルムと画像の世界最大企業であり、革新的な事業構造のトランスフォーメーションを成し遂げたことで知られる富士フイルムである。

私が2010年に、これまでのマーケティング2・0や1・0（消費者中心や製品中心のマーケティング）とは対極的なマーケティング3・0（人間主義的なアプローチまたは価値主導型アプローチによるマーケティング）を提唱したとき、「会社が人を中心に考えつつ、利益も上げていくことは可能なのだろうか」（p.178）と疑問を投げかけた。肯定的な答えを示す会社は多数存在するが、その中でも模範例となるのが富士フイルムだ。富士フイルムは、科学界最大のイノベーションともいえるX線写真のデジタル化を初めて実現した会社である。[3]世界のメディアには「富士フイルム、写真フィルムからエボラ熱治療への飛躍」（Clapper, 2014）や、「富士フイルム、再生医療事業に本格着手」（Nikkei Asian Review, 2016）、「富士フイルム、世界初の超高周波による超音波診断装置」（Mediaimaging.net, 2016）、「バイオジェン製造子会社を買収　トータルヘルスケアカンパニーを目指す富士フイルム」（BioPharma-Reporter, 2019）」といった見出しが躍る。

このように破壊的でありながら人間主義的なイノベーションを誇れる会社は珍しい。これはイノベーション（革新）とリノベーション（刷新）を通じて苦境の時代を生きのび、社会的イノベーションを起こす世界的企業に変容を遂げた会社のストーリーであり、人類の繁栄のために倫理的に、カオスと破壊でさえも事業機会と捉えることに成功している事例である。そこでは、マーケティング３・０とマーケティング４・０、すなわち「デジタル時代のマーケティング」や、さらにその先の融合が起こっている。過去、そして未来において、最も変革力のある社会的イノベーションを生み出すために、独自技術と従業員の能力をフルに活用しているプロトタイプといえる。

富士フイルムと聞いて、おなじみの緑のフィルムパッケージを頭に思い浮かべ、「富士フイルムは写真だけの会社ではないか」と考え、当惑される読者もいるだろう。そう考えても不思議ではない。当時は、コダックなどの主な競合製品と共に、小さな緑のフィルムが店頭に並んでいたのだから。事実、富士フイルムとコダック間の競争はＭＢＡの授業でケーススタディとして頻繁に取り上げられており、ポートフォリオを多様化させた富士フイルムの事例はＭＢＡの生徒たちの間ではよく知られている。また、このケーススタディは、国際ビジネスや国際マーケティングの講師らによって、迫りくる脅威――デジタル化の台頭とアナログフィルムのニーズ衰退――の落とし穴と教訓を教える格好の教材として使用されている。どのケースや論文も、富士フイルムがデジタル化による破壊に打ち勝った事例として説明しているが、「富士フイルムウエイ」と呼ばれる富士フイルム従業員が実践する仕事の仕方と考え方はあまり知られていない。従業員一人ひとりが「富士フイルムウエイ」の価値とビジョンを十分理解し、人間主義的なイノベーションを実践している。新しい成長分野へとポートフォリオの多様化を図りつつも、従来の事業や顧客基盤を大切に守り続けている。富士フイルムは今もなお、写真業界のパイオニアとして認識されており、特に、写真のデジタル化を自ら推進した、世界初となるフルデジタルカメラの開発はよく知られている。

「富士フイルムウエイ」については後に説明するが、この章ではまず、富士フイルムで「何が、いつ、なぜ、どのように」起こったのか、つまり1960年代には売上高でコダックの10分の1未満だった富士フイルムが今日、十数倍にまで拡大させてきたトランスフォーメーションについて概観する。カラーフィルムの時代は、その開発・製造の難しさから、市場のメジャープレーヤーは富士フイルム、コダック、ドイツのアグファ、日本のコニカの4社のみであり、各社ともかなりの利益を上げていた。これらの会社は、デジタル化がすぐそこに迫っていることを早い段階から十分認識していた。しかし、アナログフィルムのデジタル化という破壊的な状況を切り抜けられたのは富士フイルムだけだった。今日の富士フイルムの横断的なイノベーションのポートフォリオと、進化の過程を見てみよう。その中で、「破壊的イノベーション」、「イノベーションとリノベーション」、「ダイナミック・ケイパビリティ」、「知識マネジメント」、「人間主義的リーダーシップ」、「マーケティング3・0とマーケティング4・0の融合」など、さまざまなテーマを取り上げる。

最終的に、マーケティング3・0と4・0の融合である「コトラー・古森ウエイ」の模範例として富士フイルムを紹介する。「コトラー・古森ウエイ」によって、今後のマーケティングがどのような姿になり、イノベーションがどのような進化を遂げるかについては、知的好奇心が高く、思慮深い読者の思考にゆだねることとしよう。古森氏の最新の経営理念と考えを取り入れた本著は、古森氏による著書『魂の経営』の続編として読んでほしい。富士フイルムの世界へようこそ。本書を通じ、カオスと破壊に満ちた現在、直面する挑戦を前向きに受け入れる富士フイルムの止まることのないイノベーション事例から、学びとるものがあれば幸いである。

コダックとの競争

セルロイドを扱う日本の老舗メーカーであった大日本セルロイド株式会社から、1934年、苦戦していた写真部門が分離され、「富士写真フイルム」と呼ばれる新会社が富士山のふもとにある神奈川県南足柄市に設立された。写真フィルムおよび映画フィルムの国産化が目標だった。ブランド確立までの道のりについては後述するが、その初期は苦難の連続であった。ドイツから写真乳剤製造の権威を迎えるなどして、品質改善に取り組んだ。複雑で、高度なフィルム製造技術を習得することが、富士フイルムが高い技術力を身に付ける上でのスタートラインになった。映画フィルム、写真フィルムの分野にとどまらず、創業わずか二年後には、医療用のX線フィルムの販売を開始するなど他分野の感光材料の開発にも投資していった。1948年には、軽量小型ボディで知られる最初のカメラ、フジカシックスを開発した。アジアへのフィルムや光学製品の輸出も開始し、1950年代には、海外のアマチュア写真市場で本格的に事業を展開した。ただ、大きく発展した国内市場と比較すると、世界市場では、米国のイーストマン・コダックに大きく遅れをとっていた。富士フイルムは、1952年にそれまでの2・5倍の感度を持つアマチュア用ロールフィルムを発売して以降、1958年までに3種類のロールフィルムを追加し、輸出も着実に増えていった。

20世紀の市場リーダーは明らかにコダックであったが、1976年、富士フイルムはコダックに先駆けて世界初の高感度カラーフィルムF－II400を開発した。これは富士フイルムが写真フィルム技術でコダックを凌駕したことを示す「画期的な出来事」であった。それでもコダックは、世界的な市場リーダーの座に君臨し、最も収益性の高い「夢の」米国市場を支配し続けていた。「あなたはボタンを押すだけです。あとは私たちが引き受けます」や「コダックモーメント」といった象徴的なマーケティング・キャンペーンを展開したコダックは、誰もが知る存在となり、フィルムと写真が全米の家庭に普及するのを後押しした。コダックが米国市場で高いシェアを維持する一方で、富士フイルムは日本市場を支配していたが、富士フイルムは「世界の富士フイルム、技術の富士フイルム」を標ぼうし、世界の市場で積極的に事業展開を進めていった。

米国市場において、富士フイルムの転機は、同社がロサンゼルスオリンピックの公式スポンサーになった1984年に到来した。突如として「富士フイルムの緑色が開催地であるロサンゼルスだけでなく、全世界のテレビ画面に登場したのだ。富士フイルムが米国市場に入ってきた」(Row, 2018)。当時、大西實社長が率いる富士フイルムが目指していたものは、「コダックに追いつき、追い越せ」というものであった。ガベッティなどが指摘しているように、大西氏による四半世紀にわたる指揮を通じて、「コダックを競争相手とすることが経営原則となっていた」(Gavetti et al., 2007, p.3)。その後、米国市場でのシェアを順調に伸ばし、富士フイルムとコダックの戦いの火ぶたが切られた。コダックとの競争について、古森氏は次のように述べている。

「当社とコダックとの競争に関して、たくさんのケーススタディが書かれているようですが、経営者であれば競争の中で何が起こったのかはある程度理解できると思います。当社はコダックを競争相手として、そして市場リーダーとして尊敬していました。だからこそコダックに『追いつき、追い越せ』と努力していたのです。コダックを市場リーダーとして、そして健全な競争相手と認めていました」

しかし、コダックにとって富士フイルムとの競争は、まさに戦争であった。コダックのイメージング担当副社長であるピーター・パレルモは、「コダックにとっては12月7日の真珠湾攻撃の日のようなものでした」と振り返る。コダックは、富士フイルムの世界展開の動きに対抗した。コダックのエリック・L・スティーンバーグCOO補佐が言うには、当時の対富士フイルムの戦略は「富士フイルムが諦めるまで叩く」というものだった。その後、富士フイルムは米国市場への足がかりを維持するために独自のキャンペーンに着手した。スーパーマーケットに販路を広げ、米国の写真現像ラボを買収し、米国に工場を作り、米国でのシェアを拡大した。そして「世界の富士フイルム、技術の富士フイルム」というスローガンのもと、世界展開を加速させていった。

古森氏は付け加える。「当時、当社は自分たちの成長に自信を持ち、成長し続けることを目指していました。中でも米国市場は最も収益性が高く、何としてもシェアを拡大したいと考えていました」。1986年に大きな進展が見られた。レンズ付フィルムの「写ルンです」を発売し、コダックがこの技術に追いつくまでに先発者利益を手にして、市場シェアを握った。古森氏は、「写ルンです」について次のように述べている。「デジタルカメラにはフィルムが要りませんが、

「写ルンです」はカメラの要らないフィルムでした。フィルムの需要増につながる生活を変える製品でした」。その勢いは衰えることなく、１９８８年、富士フイルムは世界初のフルデジタルカメラであるＤＳ－１Ｐを開発した。半導体メモリーカードにデータを保存する初めてのフルデジタルカメラであった。デジタルイメージング事業への投資を継続し、来たるべき破壊的なデジタル化時代をにらみ、デジタル化に向けた全社戦略を立案した。１９８０年から１９９９年までの間に、富士フイルムは、デジタルイメージング製品の研究開発に多額の資金を投じた。古森氏が指摘するように、それは自然な流れだった。「当社は医療分野と印刷分野でのデジタル技術の進展の兆しを目にして、コンシューマー写真の分野にもデジタル化が広がっていくと予想しました」。この洞察は、１９８０年代後期から採用された「Imaging & Information」というスローガンに現れている。

富士フイルムへの攻撃的姿勢は、コダックがアメリカ合衆国通商代表部に、「富士フイルムは日本市場において、写真フィルムと印画紙に関して排他的な慣行を用いて外部との競争を排除している」と訴える請願書を提出したことで頂点に達した。１９９８年、世界貿易機関はコダックの申し立てを却下した。古森氏は、これを日本企業が米国をはじめとする諸外国と競合してこうした経済紛争で「勝利」できる力があることを証明する画期的な出来事であったととらえ、「この勝利が欧州などで高く評価され、世界中で富士フイルムの存在感と地位が上がることになりました」と述べている。富士フイルムは自信をつけ、そのことは１９９８年のテレビコマーシャルで使用された「You can see the future from here（ここから未来が見える）」というキャッチコピーに如実に表れている。富士フイルムは引き続き米国市場での存在感を高め、2001年には、コダックの売上を抜いた。コダックとの競争は終わったが、真の敵である外部環境の変化、すなわちデジタル化が到来しようとしていた。コダックと富士フイルムはどちらもその混乱への対応を迫られ、コダックはデジタルイノベーションへの対応に失敗し、富士フイルムは成功を収めた。2019年には、富士フイルムの売上はコダックの17倍以上に、従業員数は15倍となった。

デジタル化による破壊を受け入れる

伊藤友則教授らは、写真フィルムの世界需要が2000年にピークに達したとき、「デジタル化は遠くにある脅威であり、（その到来には）少なくとも一世代くらいかかるように思われていた」と指摘する（2014a, p.1）。しかし、おおかたの予測に反し、2000年に写真フィルムの需要がピークに達した後、年間10～20%の勢いで急減していった。**図表1・1**は、この需要の転換を示している。

需要は2000年のピークから10年以内に10分の1以下になった。コダックも富士フイルムもデジタル化の到来を予想はしていたが、その破壊的なペースは予想を上回り、もはや写真関連事業で黒字を維持することは難しくなった。古森氏が指摘したように、急速な破壊のペースは「誰

図表1.1　写真フィルムの需要低下

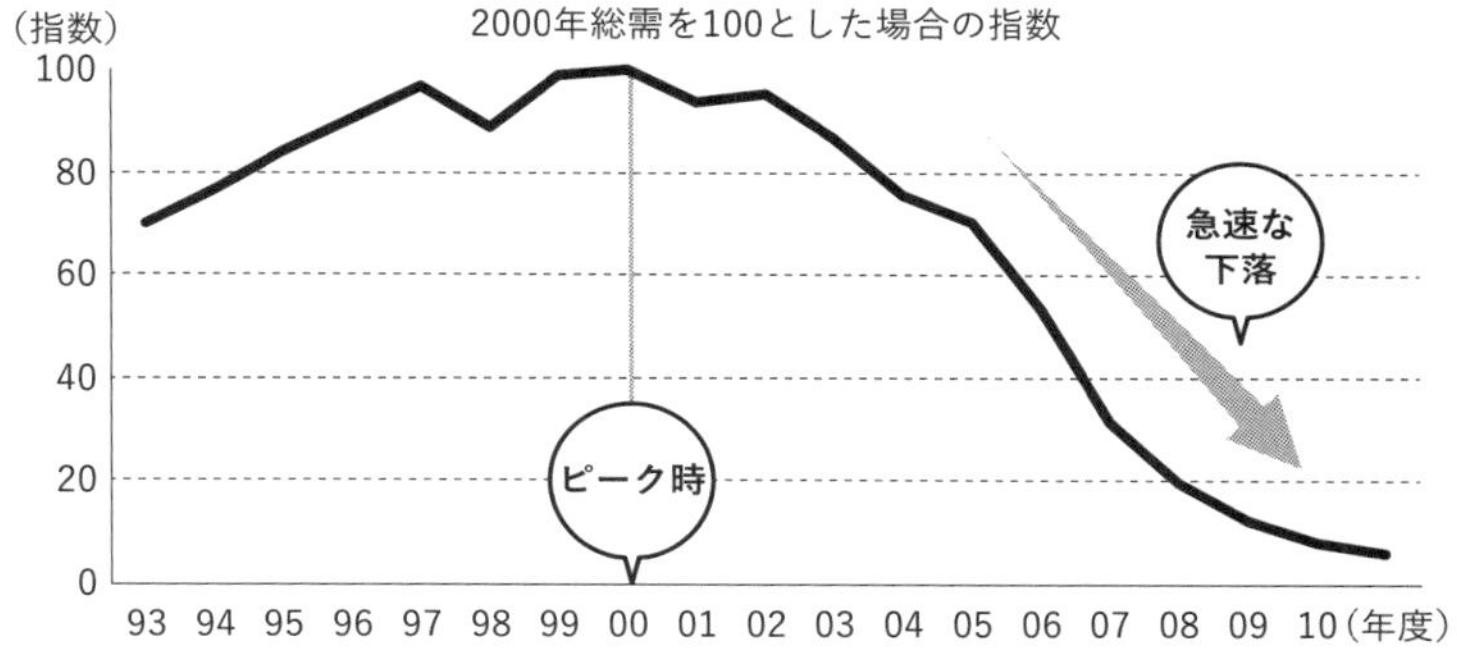

もが予想したよりも速く、悪夢のようだった」。富士フイルムは2000年当時、利益の3分の2を写真関連事業で生み出していたが、2005年には同事業は一時的に赤字に陥った。一方、デジタルカメラの市場では、2000年までに国内シェア首位につけ、世界市場でもリーディングポジションにいた。しかしながら、デジタルカメラの市場規模が拡大するにつれて、コモディティ化による低価格化が進行していった。台湾や中国製の安価なモデルが市場シェアを占めるようになり、富士フイルムはキヤノン、ニコン、オリンパス、パナソニックとの熾烈な競争にさらされた。富士フイルムとコダックがカラーフィルム市場で維持してきた2社独占は終焉を迎え、デジタルカメラ市場は、カラーフィルム市場とは正反対のものとなった。

写真フィルムは、さまざまな高度な技術をきめ細かく統合した製品であり、「非常に緻密な品質管理」を要求するものであった。1997年から2003年までコダックの副社長を務めたワイリー・シン氏もこれに同意し、「カラーフィルムは製造することが非常に困難な製品だった」「カラーフィルムは、参入障壁が高く、コダックに並ぶ専門技術と生産規模を保有していたのは、富士フイルムとアグファの2社だけだった」(Shih, 2016, p.20)と語った。しかし、デジタルカメラはフィルム製造とは異なり、事実上「優秀な技術者であれば構成部品を全部買ってきてカメラを組み立てることができ、経験や専門技術はそれほど必要なくなった」と振り返っている(前掲書、p.20)。デジタルカメラ市場は、参入障壁の低下により独占状態を築けるようなビジネスではなくなったが、これは写真関連市場に限ったことではなかった。デジタル化による市場破壊で、技術はコモディティ化し、規模の小さい企業でもデジタルカメラ市場に参入できるようになった。2006年にコダックのアントニオ・ペレスCEOがデジタルカメラ事業を「うんざりするようなビジネス」と称したのも無理はない。アナログフィルムメーカーにとって、デジタル化が破壊的であることは明白であった。

コダックも当初、デジタルカメラ市場で比較的順調な業績を上げていた。デジタルイメージングの収益増によってフィルムの売上減を何とか埋め合わせたが、やがて多額の損失を生み、2012年にはついにコダックは破産を申請した。富士フイルムも深刻な問題に直面したが、コダックとは別のやり方で差し迫ったデジタル化の問題に対処した。コダックと同様、デジタルカメラの売上だけでは、富士フイルムの写真フィルムによる収入減を埋め合わせることはできなかった。では、どのようにして富士フイルムはコダックと同じ失敗を避けることができたのだろうか。一言で言えば、「屈することなくやり遂げた」のである。

クリステンセンのイノベーションのジレンマに関する重要な研究では、破壊的技術の全24個の事例リストにおける最初の事例として、ハロゲン化銀を使用したアナログフィルムからデジタル写真への移行を挙げている（Clay Christensen, 1997）。クリステンセンにとって、「破壊的な技術を生み出すことは、技術面での挑戦ではなく、マーケティング面での挑戦としてとらえるべき」（1997, p.173）ものだった。つまり、新たに生み出した「破壊的な技術」を、マーケティングにより受け入れられる市場を見つけることができれば、その企業は破壊的な技術による影響をポジティブなものに変え、優位なポジションに立つことができる。「破壊的な技術」は、後にクリステンセンにより「破壊的なイノベーション（Christensen, 2003）」と呼ばれるようになったが、これらは企業の強みを奪うものではない。破壊されるべき技術と持続可能な技術を区別することが不可欠であり、例えばアナログフィルムの場合、ハロゲン化銀のフィルムは破壊されたが、アナログフィルムに関連する画像と光学の技術は破壊されなかった（Ho and Chen, 2018; Ho and Lee, 2014）。破壊されるべき技術から持続的な知識やコンピタンスを得られないわけではない。むしろ逆に、富士フイルムの事例から分かるとおり、新たに出現する持続的技術の多くは、破壊されるべき技術に取り組んできた経験から得られる知識と能力に直接由来している（Ho and Lee, 2018）。クリステンセンの『イノベーションのジレンマ』とその続編となる『イノベーションへの解』（2003）では、破壊的技術（破壊的革新）の時代にあって、どのように、いつ、なぜ投資するのかのバランスを取る必要性を指摘している。富士フイルムは、迫り来るデジタル化に備えて見事なスタートを切った。

富士フイルムは１９８３年、世界初のX線画像診断システム、「ＦＣＲ（Fuji Computed Radiography）を発売し、X線画像ソリューション分野における世界的な先駆者となった。X線画像を初めてデジタル化することに成功したからだ。１９８０年代には、印刷事業でもすみやかにデジタル化を取り入れた。デジタル化の進展を予想して、富士フイルムとデュポンは、世界トップクラスのフルデジタルカラースキャナーを開発した英国のクロスフィールド社を共同で買収した。

これらの取り組みは、富士フイルムによるデジタル技術力の集約に役立った。１９８４年に電子映像事業本部が設立され、１９８８年に世界初のフルデジタルカメラを開発した。特筆すべき点は、主要なコア技術が「社内」で開発されていたことである。実際、デジタルカメラの鍵となる３つの技術「ＣＣＤ電荷結合素子」「レンズ」「画像処理ＬＳＩ」のうち、レンズを通して結んだ画像を電気信号に変える重要な素子であるＣＣＤに早い時期から着目し、１９７０年代より自社開発に乗り出していた。ＣＣＤセンサー技術の「社内」開発は「デジタルカメラで先行するために不可欠」であり、１９９０年代後半に迫るデジタル時代に備える上で欠かせないものであった。１９９９年にもう１つの画期的な出来事が起こった。集光効率を高めて明るい画像を撮影できるハニカム型のＣＣＤが「社内」で開発された。コダックもデジタル化による破壊を予期していたが、その受け入れに時間がかかり、さらには「社内」における開発能力に欠けていた。

コダックの没落は、２００６年にデジタルカメラ製造事業をフレックストロニクスに売却することを決定し、２０１２年にデジタルカメラから完全に撤退したときに決定的なものとなった。コダックに助言を行っていたクリステンセンは、コダックの決定に関するインタビューの中で、当時のことを「まったく、頭を抱えてしまった」と振り返っている（Christensen and Euchner, 2011, p.17）。競争激化によるデジタルカメラの単価下落と収益の減少という苦境にあって、富士フイルムは屈することなくやり通した。現在、収益を上げている人気のミラーレスデジタルカメラ「Xシリーズ」をはじめ、独自技術を活かした特長あるデジタルカメラの開発および製造を継続している。さらに、デジタルデータを写真にプリントする機器「デジタルミニラボ」の開発は、デジタルカメラ市場の競争激化により徐々に厳しくなった同事業の収益性をカバーする一助となった。「デジタルミニラボ　フロンティア」が世界的に展開され、写真店にあったアナログミニラボから置き換えられていった。これによって、写真店が被っていた写真フィルム需要減による損失が部分的に埋め合わせられた。ミニラボは大成功を収め、富士フイルム販売店の多くが救われたものの、それだけでは写真フィルム売上の減少を補うための解決策にはならなかった。

富士フイルムには思い切った解決策が必要であった。そして、古森氏自身が富士フイルムを21世紀へと導く解決策をもたらした。古森氏が実行した改革の第一段階は技術の棚卸しである。富士フイルムにはどのような技術があり、それらが市場ニーズに対してどのような可能性を秘めているのかを検証したのだ。そして、将来のために資源を投入すべき事業を見極めた。「富士フイルムは、化学、物理、光学、電子映像、ソフトウェアを含め、複数分野の技術を組み合わせ、顧客のために幅広い革新的なソリューションを作り出すことができる」(Gavetti et al., 2007, p.2より引用)。しかし、ガベッティらが述べているように、古森氏が直面した挑戦とは以下のようなものであった(Gavetti et al., 2007, p.2)。「古森氏は、新たなチャンスをどのように見極め、絞り込み、そして取り組むべきなのか。事業の多角化に取り組む一方、イメージング事業にはどれほどコミットし続けるべきなのか。組織や従業員のモチベーションを引き上げるにはどうしたらよいのか。旧来の保守的アプローチから、独創的で革新的な研究開発を推進する企業へとどうしたら転換できるのか。」富士フイルムを救うための答えは、2004年度を初年度とする中期経営計画「VISION75」の実行であり、保有する技術から新たな価値を引き出し、既存と新規の両市場で新たな競争力を維持・獲得することだった。すなわち、第二の創業を成し遂げることであった。

VISION75と富士フイルムの第二の創業

古森重隆氏は、1963年に富士フイルムに入社し、2000年に社長に就任した後、2003年夏にCEOに就任した。迫り来るデジタル化による破壊を目の当たりにした古森氏は、「ここで何もしなければ、重大な結果を招いてしまう。何か手を打たなければ、富士フイルムは消滅してしまうだろう」と考えた。古森氏のリーダーシップ手法と精神については以降の章で説明するが、同氏の人間的なリーダーシップ手法を最も如実に示すのは、改革時における従業員の意識改革であろう。実際に本書では、富士フイルムがデジタル革新にどう対処したかだけでなく、なぜ同社が、破壊的な社会イノベーションの先駆的企業になり得たか、そしていかに企業が社会や人類の繁栄のために欠かせない存在になっていくかを示唆する事例を述べる。

破壊にうまく対応するには、適切な戦略をとるべきだが、その適切な戦略は、適切なリーダーシップから生まれる。富士フイルムが市場で起こる破壊に対処する手法は、本書の後半の章で取り上げるテーマであり、混乱する市場環境において、リーダーが果たすべき役割も示す。古森氏による卓越したリーダーシップは、従業員のマインドセットを適切にリードした点に見られる。古森氏は、写真フィルム事業が急速に縮小していく中で、従業員の動揺を感じ取っていた。「重要なことは、今、富士フイルムが何をすべきかを従業員に理解させることであった」と説明している。

(Gavetti et al., 2007, p.2)。

ガベッティらは、古森氏について、2007年当時を次のように掘り下げて説明している

「私の最大の課題は、従業員の考え方をいかに転換させるかであった。我々は『イメージング&インフォメーション』だけの事業構成から脱却しようとしているが、何が我々の新

図表1.2　VISION75の概要

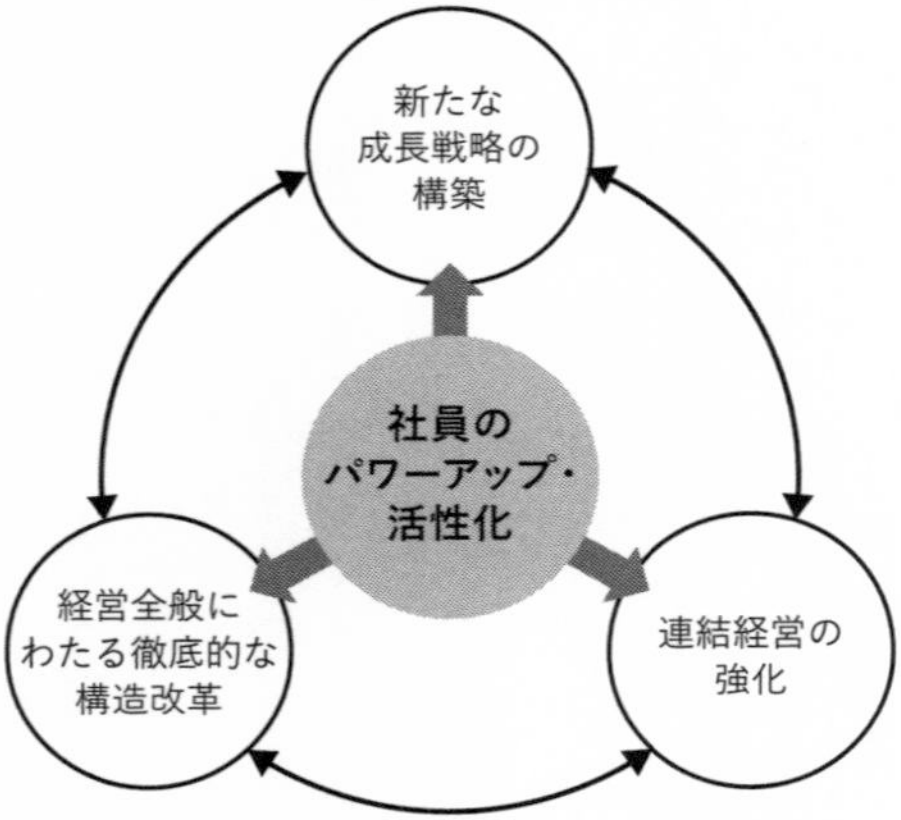

たな柱になるかはまだ不鮮明だ。我々がどこに向かっているかが不鮮明なときに、このような大改革をこのような大組織にどうしたら納得させられるのか。私はどうしたら従業員を起業家精神に溢れた集団にできるのだろうか。当社の収益性が依然として高いときに、従業員にどうしたら危機感を持たせられるのだろうか」

また、写真にかわる同社の成長の柱を探すことと同レベルで気にかけていたのは、世界で7万人以上いる従業員とその家族の生活のことであった。古森氏が改革の第一段階として2004年に発表した、中期経営計画VISION75（**図表1・2**を参照）は、1．経営全般にわたる徹底的な構造改革、2．新たな成長戦略の構築、3．連結経営の強化という3つの基本方針から構成され、さらにそれらの中心には、従業員のモチベーションと能力の引き上げがあった。クリステンセンは、「従業員は会社の収益力を向上させるために何をすべきか理解する必要がある」と指摘し、「会社の成功を維持するには、従業員が知識と直観に磨きをかけ続ける必要がある」と述べた（Christensen, 2003, p.173）。後の章で説明するとおり、古森氏の手法には、この知識を従業員にどう組み込み、会社の方針に合わせていくかの典型例を見て取れる。

デジタル化による破壊に対する古森氏の洞察は、的確なものであった。中でも、富士フイルムのフジタック（テレビ、モニター、スマートフォンなどに使用される液晶パネルの製造に不可欠な材料である偏光板保護フィルム）への投資は注目に値する。同事業は、古森氏との関係も深い。古森氏は、１９６０年代後期にフジタックの営業に携わっていた。売上が落ち込んでいたフジタック事業の中止案が出た際、上司に「何とか新規用途を開拓するから、やめないでほしい」と訴えた。会社に泊まり込み、戦略を練り、技術担当者と一緒に潜在市場を調査し、そして電飾看板向けなど、新規の顧客開拓に成功した。その甲斐もあり、フジタックは延命が決まった。この経験を古森氏は、自身にとって一つの分岐点、勝負どころであったと振り返る。会社の期待に何とか応えて、事業を存続させることができなければ、自分はこの会社で存在する価値がない人間だと覚悟したとも語っている。

それから40年あまり後、フジタックは液晶ディスプレイに使われる偏光板保護フィルムとして使用され、富士フイルムのコア事業の一つに成長することとなる。偏光板とは、特定方向の光だけを通過させる機能を持つ部材のことであり、それを保護するのが偏光板保護フィルムだ。富士フイルムが開発した、天然由来の原料から作られる「フジタック」は、透明性が高く、優れた光学特性を有していることから、70年代後半から電卓などの液晶ディスプレイやパソコンのモニターに偏光板保護フィルムとして使用されるようになった。

そして、この偏光板保護フィルムがなければ作れないと言われたのが液晶テレビだ。液晶テレビのフラットパネルには2枚の偏光板が使われており、それぞれの偏光板には2枚の保護フィルムが必要となる。2004年当時、テレビの主流が液晶になるのかプラズマディスプレイになるのか、勝負がついていなかった。しかし、古森氏はさまざまなデータから液晶が勝つと読み、フジタックの大規模生産拠点の新設を決定するなど、大胆な投資を行った。古森氏の決断は報われることになり、富士フイルムは同分野で世界的な市場リーダーとなり、写真フィルム事業の収益減によって生じる損失を完全に相殺することができた。

VISION75の施策の一つ「経営全般にわたる徹底的な構造改革」について説明する。富士フイルムは、当時、写真フィルムのビジネスを維持するために、日本、米国、オランダの3カ所に大規模な工場を抱え、現像所も世界に150カ所以上あった。ひとたび売上が落ち込み始めると、止めどもなく赤字が膨らんでいくような状況にあり、写真フィルム事業を存続させるには、安定的に利益を確保できる事業として再構築する必要があった。古森氏は本事業を大胆にダウンサイズさせ、将来の需要に見合った身軽な事業にするため、生産設備、販売組織、研究開発組織、現像所の再編を決断した。古森氏はこうした構造改革について次のように説明する。「リストラをするとなれば、当然反発も起きる。……しかし、もし会社がつぶれてしまえば、それこそ何も残らないことになり、元も子もない」。古森氏は、構造改革の意義や目的を従業員一人ひとりに、正確に確実に理解させる必要があると考えた。古森氏は、2006年の新年の挨拶「真の改革に向けて」の中で、次のように呼びかけている。

「写真フィルムの同業者を見れば一目瞭然であるが、生きるか死ぬかの戦いをしている。写真フィルムで儲かる時代は過ぎた。市場からの退場を余儀なくされた会社もある。翻って当社の現状は如何か。これまで進めてきたデジタル化への対応、フラットパネルディスプレイ材料事業などの新たなコアビジネスの貢献によって利益は出しているが、2004年と2005年の中間期の業績を比較すると、イメージング事業の営業利益は100億円近く減少し、50億円の赤字となった。もはや待ったなしの状況だ。これまでの繁栄の中で積もりに積もった重い製造設備/生産体制・ラボ網・流通/販売体制のうち、真に必要なものを残してバッサリと脱ぎ去ろう。全てを最大限に効率化し、背水の陣で臨み、写真産業を支えよう。そしてその上で、イメージングのリーディングカンパニーとしてのプライドを持ち、富士フイルムでなければ実現不可能な圧倒的なソリューションを提供することで必ず勝利を収めよう。我々は単なる事業者ではない、写真文化の重要な担い手でもあるのだ。人間の喜びも悲しみも愛も感動も全て表現する写真は、人間にとって、なくてはならないものである。富士フイルムはそれを守る」

古森氏が構造改革を人間中心の形で主導したことは、事業環境破壊への対応という困難な課題に直面する他社にとってベンチマークとなる。2006年当時、イメージング事業に属する従業員が世界に1万5000人いたが、別部門への異動を含めて約5000人を削減した。すでにビジネスが成り立たなくなっていた日本の写真関連の大手特約店4社に対しては、売掛債権を放棄した上で営業権を買い取り、会社を辞めていく従業員たちに対して特約店が退職金を支払えるようにもした。構造改革費用の総額は二千数百億円にも上った。古森氏の行動には、人間中心のアプローチを採るリーダーに求められる公平性が見られる。「長年一緒に戦ってきたビジネスパートナーであり、戦友である特約店の経営者や従業員が、富士フイルムとの契約が打ち切られることで、突然、何もかも失うようなことが絶対にあってはならない」

富士フイルムが写真フィルム事業の構造改革を発表する10日ほど前、コニカミノルタがカメラ・写真フィルム事業からの完全撤退を発表した。しかしその時、富士フイルムは写真文化を守り続ける旨を宣言するメッセージを発表した。一部の投資家からは、「どうしてやめないのですか」と言われることもあったが、「企業はそろばん勘定だけで存在しているわけではない。我々は写真を人間にとって極めて貴重な文化だと考えている」と説明した。古森氏は、写真フィルム事業の規模をマーケットサイズに合わせて縮小はするものの、撤退することは考えていなかった。写真の価値は古森氏にとって儲かる、儲からないの話ではない。「写真は、喜びにあふれた楽しい思い出、輝かしい思い出、愛する家族と過ごした素晴らしい瞬間などを切り取って記録できるメディアだ。あとから写真を取り出せば過去の体験やそのときに感じた気持ちが、当時のままに蘇り、再体験できるモニュメントだ」。古森氏は、写真フィルム市場に対し、「確かに写真フィルムの需要が今後も縮小していくことは目に見えているが、だからこそ、富士フイルムは写真文化を支え続けていくべきだと思った」と断言している。

もう一つの重要な改革は、2006年に先進研究所を設置したことである。その際、今まで分散していた研究開発機能が集約され、「同じ敷地に集められた」(Ito, 2018, p.10)。この再編は、部門の壁を越えて、従業員同士が職位や専門性に関係なく、コミュニケーションを取り、単独では生み出せなかった価値を創造するもので、いわば社内におけるオープンイノベーションであった。古森氏は、事実上、富士フイルムに体系的な知識共有の文化を築き、野中郁次郎氏が「ナレッジマネジメント企業」と呼ぶものに転換した。ナレッジマネジメント・パラダイムという人間中心的な土台は、富士フイルムのイノベーション文化の多くを支えるものであるため、後の章で少し詳しく述べることにする。富士フイルムは日本の中でもいち早くチェスブロウのオープンイノベーション・パラダイム（すなわち、境界を取り払い、組織外のイノベーション源を活用すること）を採り入れた。2014年には、オープンイノベーション・ハブを開設することにより、富士フイルム・グループの基盤技術・コア技術とそれらを活用した材料・製品・サービスを、企業や研究機関などの社外のビジネスパートナーに示し、新たな価値を共創する拠点とした。東京のほか、オランダのティルバーグや米国のシリコンバレーにも拠点を開設し、バルセロナ、イスタンブール、ロンドン、上海にサテライトを開設している。

新規事業を進めるにあたって、古森氏はM&Aを積極的に活用したが、古森氏にとってはシナジー効果が得られるかどうかが重要な要素であった。その場限りのアプローチを採るのではなく、M&Aが自社の既存の技術力強化につながり、シナジーによって他社と差別化できる製品・サービスを創出可能な企業に投資した。さらに富士フイルムは、2008年、中堅の製薬会社である富山化学工業を買収して事業ポートフォリオを拡大、その後、2012年には超音波診断装置の大手メーカーであるソノサイトを買収した。再生医療の分野では、2015年にiPS細胞の開発・製造のリーディングカンパニーであるセルラー・ダイナミクス・インターナショナル社を買収している。これら一連の企業買収により、富士フイルムはヘルスケアという成長領域で戦略的に事業展開を進めた。

連結経営を強化するため、持株会社として富士フイルムホールディングスを設立したこともVISION75の重要な施策であった。富士フイルムホールディングスは、2006年、「多様化した各事業の監督を容易にし、買収した企業のグループへの統合を円滑化し、グループ企業間の相乗効果を強化するために」設立された（Ito, 2014, p.11）。技術者など従業員の相互乗り入れを進めるなどして、シナジー効果を最大化することは、富士フイルムの改革における大きな特徴であり、「富士フイルムホールディングス」の傘のもと、部門間での共創をさらに加速することが可能になった。

もう一つの大きな決断は、社名を「富士写真フイルム」から「富士フイルム」に変更したことである。この社名変更は大きなリノベーション（改造）であった。デジタル化による破壊とイノベーションは、コアコンピタンスだけではなく、アイデンティティをも一変する。これはイノベーションではなくリノベーションである。イノベーションにおいては、組織の本質的な強みや能力（アイデンティティ、心、精神、魂）を再考し、見つめなおすことになる。収益の約60％を写真関連製品から得ていた時代は過ぎ去った。２００６年になると富士フイルムには劇的な変化が生じ、写真事業は重要な事業のひとつではあったが、他事業からも収益が順調に得られるようになっていた。これらの新しい事業はいずれも写真フィルム事業で培ったコア技術を応用したものであったため、富士フイルムという社名に何ら違和感はなかった。

古森氏は、富士フイルムホールディングス設立にあたり、新たな時代に向けたメッセージを富士フイルムの全ての従業員に伝えた。改革を行う際の社内コミュニケーションの重要性を示すために、そのメッセージを次に転載する。組織再生の実現に必要な熱意を表している。

「新しい時代が始まった。我々経営陣を含む全員が、覚悟を決めてこの難局を乗り切るため、身近なところからまずは変えていく行動をとろう。難関にぶち当たった今この時、果敢に戦おうではないか！」

「富士フイルムは、高い技術力で世の中に絶えず新しい価値を提供し続けてきた。21世紀にもそのように、新しい価値を提供し続け、一流企業としてあり続けるために、我々は今戦う」

古森氏が述べたように、富士フイルムは改革を完遂するにあたり、イノベーションそのものに注力するだけではなく、リポジショニングの実施がステークホルダーの利害と衝突しないようにした。その後の結果は周知のとおりであり、現在、富士フイルムホールディングスは複数の成長事業を展開している。事業の多様性は実に驚くほどだ。富士フイルムには、イメージングソリューション（カラーフィルム、インスタントフォトシステム、プリントサービス、ミラーレスデジタルカメラ、テレビカメラ用レンズ、監視カメラ用レンズ）と、ヘルスケア・マテリアルズソリューション（メディカルシステム、医薬品、バイオCDMO、再生医療、化粧品、サプリメント、インクジェット、デジタルプリンティング機器などのグラフィックシステム、半導体材料やディスプレイ材料などの高機能材料、コンピューター用磁気テープなどの記録メディア）、そしてドキュメントソリューション（オフィス向けのプリンター、コピー、デジタル複合機やＡＩ・ＩoＴを活用したソリューションサービス、マネージドプリントサービス）がある。２０１４年に行われたもう一つの極めて重要な変革は、新たなコーポレートスローガンの制定であった。現在のコーポレートスローガン「Value from Innovation」は、２０１４年1月に同社が創立80周年を迎えたときに制定され、富士フイルムは社会に優れた価値を与え続けるという考えを社内外に宣言した。

富士フイルムでは、構造改革や成長事業への投資、持株会社化による連結経営の強化など、事業構造転換の努力が、2008年3月期に過去最高の売上と利益を達成するという形になって表れた。しかしながら、その後のリーマンショックを受け、対象市場規模が縮小してしまうような厳しい環境下でも利益を生み出せるぜい肉をそぎ落とした企業体質を構築するため、追加の構造改革を実施した。リーマンショックと円高の影響から回復するころになると、古森氏がこれまでにまいた種が実を結ぼうとしていた。この点を、もう少し詳しく検証したい。なぜなら、自ら指示し実行させた「技術の棚卸し」に基づいて、まかれた事業の種が、2008年の経済危機という冬の嵐の後に収穫段階に入ることを、古森氏は予想していたからである。すでに述べたとおり、この種をまくという活動は、富士フイルムにとって重要な意味があった。この種まきによって、富士フイルムは、市場が混乱する前に新たな知識を獲得することができ、結果、知識の強みを生かして理想的なポジションに立つことができた。将来の計画を正しく立て、新たな知識を獲得できる企業は、特に外部環境の変化や危機に直面したとき、蓄積されている知識を活用して、有利なポジションに立つことができるのだ。

図表1.3　技術の棚卸し

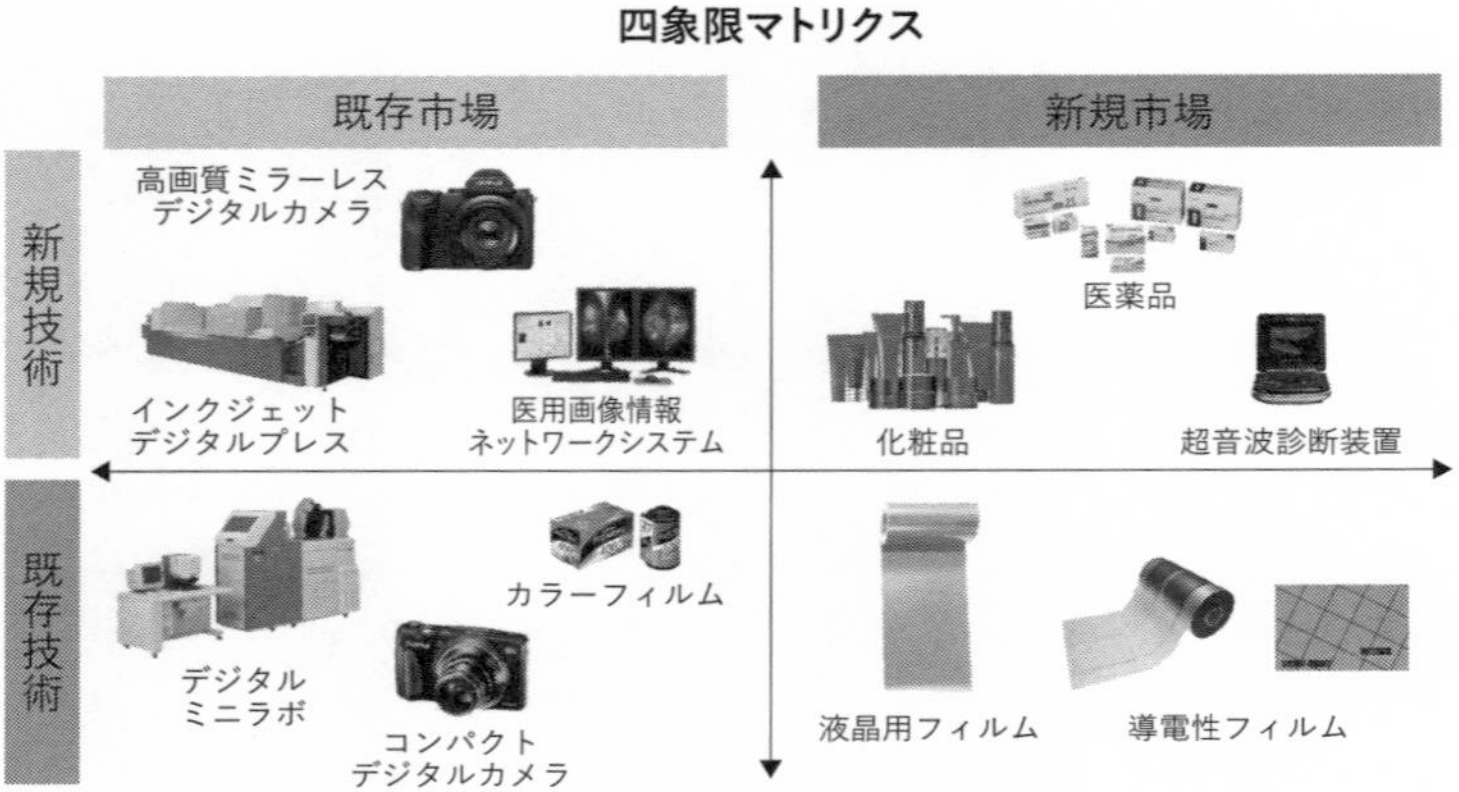

古森氏の技術の棚卸し――強み×強み

古森氏は、CEOに就任する前から全面的な「技術の棚卸し」を開始していた。この棚卸しの目的は、コア技術の「種」を明確化し、それらが世界市場で競争優位を維持できるかどうかを探ることであった。その結果、6つの重点事業分野を設定した。(i)デジタルイメージング事業(ii)メディカル・ライフサイエンス事業(iii)高機能材料事業(iv)グラフィックシステム事業(v)光学デバイス事業(vi)ドキュメント事業である。作成された4象限のマトリクスは、**図表1・3**に示されている。これを見ると、富士フイルムが「第二の創業」において、まこうとしていた「種」が分かる。

このマトリクスは、技術と市場という2つの軸に注目して、それぞれが既存であるか新規であるかによって整理されている（すなわち、アンゾフの製品・市場成長「マトリクス」の典型的な応用だ）。アンゾフのマトリクスは広く普及した戦略ツールであるが、競合他社を考慮していないと批判されることも多い。しかし、古森氏はこのマトリクスをうまく利用し、次の4つの条件をもとに自社の成長領域をスクリーニングした。それは、1．市場に成長性があるか、2．自社の技術を活かすことができるか、3．長期にわたって競争力を持ち続けられるか、4．経営者と従業員に経験値があるか、である。

古森氏は、「富士フイルムの成功の秘訣は何か」と尋ねられたとき、「経営が正しい方向を示し、技術や人材という企業のケイパビリティがそれに応えたからこそ、会社は事業構造の転換を成し遂げることができた」と答えている。デジタル化による破壊は富士フイルムに機会をもたらした。デジタル化によって不要になるかもしれないと思われた技術（写真フィルム製造に欠かせない「ノウハウ」も含む）が、むしろ、将来の成長を支える技術の種になった。そして写真フィルムメーカーとしての豊富な経験は、事業領域拡大のための根幹となった。この「市場×技術」アプローチは、一旦は破壊されたと考えられた技術でも、それらの中核的な強みをうまく利用することにより、持続可能な新たな破壊的技術に応用できることを示唆している。この論理は、富士フイルムの当時の社内コミュニケーションの一つに現れている。事業から撤退するわけではないこと、イメージングのリーディングカンパニーとしてのプライドを持ち、富士フイルムでなければ実現不可能な圧倒的ソリューションで必ず勝利することを伝え、従業員のモチベーションを維持させている。銀塩ベースのアナログフィルムが主役ではなくなったが、75年にわたるフィルム製造で培った能力は、新規事業拡大戦略（すなわち、第二の創業）の基礎となった。したがって、「市場×技術」の論理は、破壊を必ずしもマイナスまたは脅威とみなすべきではなく、破壊を機会に転換することができれば、従来技術の強みを再利用できることを示唆している。

写真フィルムの製造プロセスは、厳格な品質管理を必要とし、複数の技術を複雑に組み合わせたものである。透明なベースフィルムに、三原色に感光する20の層を均一に塗布する。1つの層の厚さはわずか1ミクロンである。これらの層を一つにまとめるには多数の技術が必要になる。古森氏は次のように説明している。

「製膜、薄膜塗布の他に、精密形成、機能性ポリマー合成、ナノ分散、機能性分子合成、酸化還元処理など、写真フィルムの製造にはさまざまな技術が求められる。精密にフィルム性能をコントロールし、無欠陥で生産していく技術もその一つだ」

富士フイルムの副社長CTO（チーフ・テクノロジー・オフィサー）である岩嵜孝志氏は、次のように説明している。

「こうした「コア技術」の明確化によって、富士フイルムは「独自の製品」を「独自の市

図表1.4　富士フイルムのコア技術

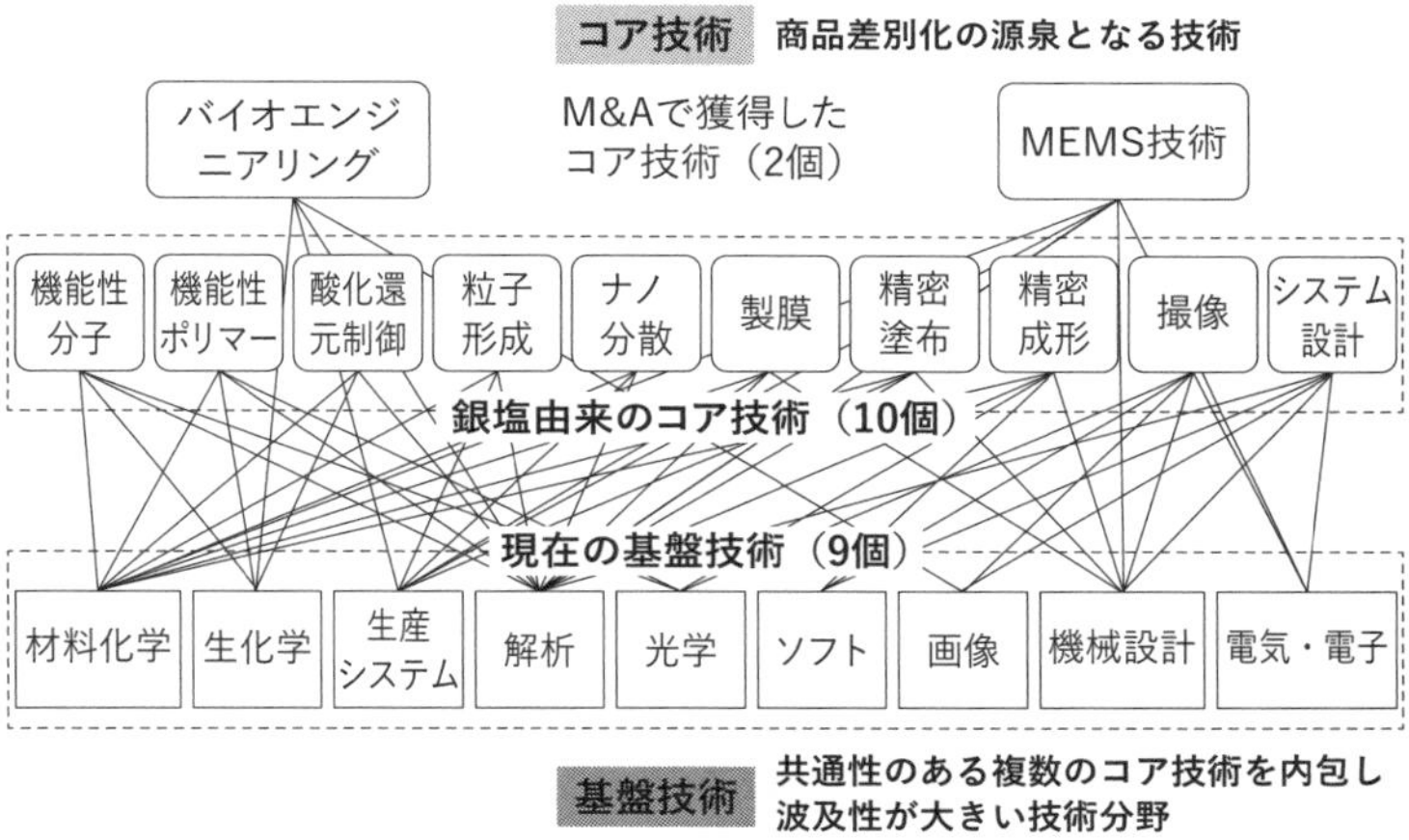

場」で展開し、競争力を保つことができた。技術の棚卸しから生まれた多様なポートフォリオは、写真フィルムメーカーとしての長年の経験で培った技術に立脚しているのだ」

図表1・4は、写真フィルムで培った従来から持つコア技術の応用展開と新たに獲得した技術の相関関係である。これらのコア技術の中で、バイオエンジニアリングとMEMS技術はM&Aにより新たに取得したものであり、これは、イノベーションに必要な技術を社外から獲得していることを物語っている。

富士フイルムにおける基盤技術とは、事業を支える基礎であり、顧客ニーズに応えることができる技術的ケイパビリティを指している。一方、コア技術とは、製品差別化と競争優位性の源泉であり、新たな価値を共に創る「共創」を導くことのできるケイパビリティとして定義している。これらのコア技術が、新規事業拡大戦略の基礎となったことは明らかだ。例えば、医薬品の場合、富士フイルムの常務執行役員、医薬品事業部長である岡田淳二氏は次のように説明している。

「平均的なヒトの細胞の大きさは約20ミクロンで、写真フィルムの塗布層の厚さとほぼ同じである。したがって、塗布層での化学物質の反応を分析する技術は、細胞に対する医薬品の作用の分析にも応用することができる。当社は、化合物を設計し、合成する技術を持つが、たとえば写真フィルムの機能層に用いられる化合物の研究は、医薬品の設計と合成に応用できる。当社には約20万種もの化合物ライブラリーがある。また、写真フィルムの製造に欠かせないナノ分散技術も、医薬品や化粧品のような多様な領域で活用できる。化粧品開発では、当社が写真フィルムで培ったコラーゲンや抗酸化、ナノ分散に関する技術やノウハウが大いに役に立った。コラーゲンは皮膚とフィルムに共通する主要成分だ。このような基盤技術・コア技術の他分野への応用は、当社にとってごく自然なことだった」

ヘルスケア分野については、第5章でも破壊的イノベーション（disruptive innovation）に対する富士フイルムの取り組みとして説明する。次の**図表1・5**では、コア技術を中心に置いた現

図表1.5　富士フイルムの多様なイノベーション

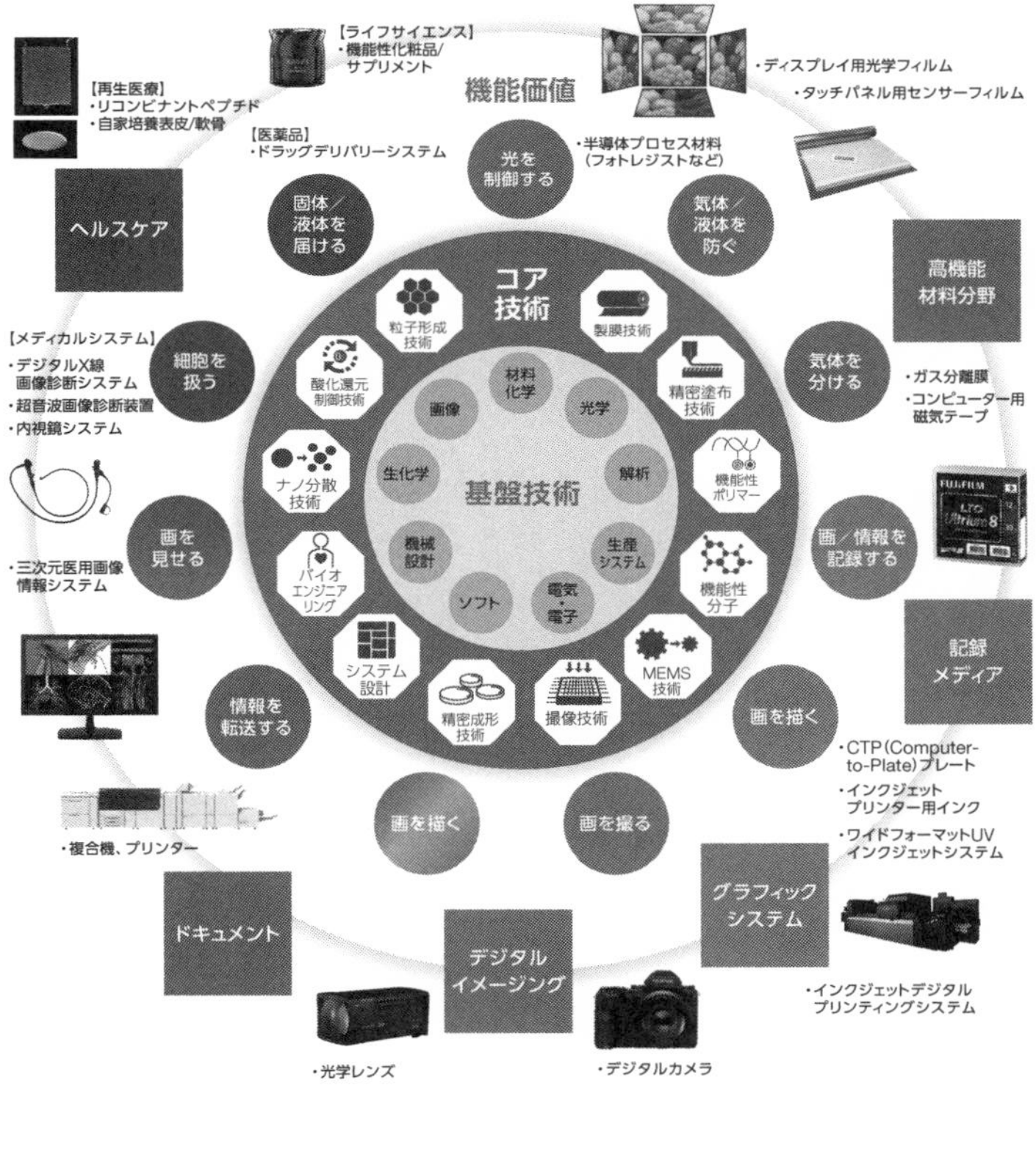
【ライフサイエンス】
・機能性化粧品/サプリメント
・ディスプレイ用光学フィルム
・タッチパネル用センサーフィルム
機能価値
【再生医療】
・リコンビナントペプチド
・自家培養表皮/軟骨
【医薬品】
・ドラッグデリバリーシステム
・半導体プロセス材料（フォトレジストなど）
光を制御する
ヘルスケア
固体/液体を届ける
気体/液体を防ぐ
高機能材料分野
コア技術
粒子形成技術
製膜技術
酸化還元制御技術
精密塗布技術
【メディカルシステム】
・デジタルX線画像診断システム
・超音波画像診断装置
・内視鏡システム
細胞を扱う
気体を分ける
・ガス分離膜
・コンピューター用磁気テープ
材料化学
画像
光学
生化学
解析
基盤技術
ナノ分散技術
機能性ポリマー
機械設計
生産システム
ソフト
電気・電子
画を見せる
画/情報を記録する
・三次元医用画像情報システム
バイオエンジニアリング
機能性分子
システム設計
MEMS技術
記録メディア
精密成形技術
撮像技術
情報を転送する
画を描く
・CTP（Computer-to-Plate）プレート
・インクジェットプリンター用インク
・ワイドフォーマットUVインクジェットシステム
画を描く
画を撮る
・複合機、プリンター
グラフィックシステム
ドキュメント
デジタルイメージング
・インクジェットデジタルプリンティングシステム
・光学レンズ
・デジタルカメラ

在の富士フイルムの広範囲に及ぶ多様な事業分野が紹介されている。

ヘルスケア分野における診断の領域では、医療用X線フィルムを創業初期から展開していた。そして、X線写真のデジタル化という時代を代表する社会的イノベーションを実現した。世界に先駆けてデジタル化し、破壊的な社会イノベーションへと進化させることで、市場におけるリーディングポジションを維持し続けている。コダックは失敗したが、富士フイルムは既存市場の破壊に対し、自社が提供する価値を破壊することで対処した。破壊に対して新たな破壊で対応するために、オープンイノベーションとナレッジ・マネジメント・パラダイムを組み合わせて「Value from Innovation」を実現した。現在、同社が展開するグローバルブランディングキャンペーンのスローガンを「Never Stop」と名付けたことは不思議ではない。なぜなら、この「Never Stop」は富士フイルムのストーリーそのものを表しているからである。また、同社のCSR計画「Sustainable Value Plan 2030」は、健康、環境、生活、働き方の4つの分野で破壊的変化を起こし、新たな価値を提供し、社会課題を解決することを目指している。富士フイルムがこのビジョンをすでに実現しつつある状況については、後の章で考察する。

この第1章では古森氏が実行したことを客観的に確認したが、第2章では、古森氏自身の視点から改革を振り返る。続く第3章では、古森氏がVISION75の重要施策の一つと位置付けた従業員のケイパビリティの底上げをどう実現したのか、という疑問に対する解として「富士フイルムウエイ」を紹介する。それは、従業員一人ひとりがトランスフォーメーションの立役者としての自覚を有することを目的に、仕事の定石をまとめたものである。我々はそれが、富士フイルムの人間中心のマネジメントに大きく貢献していると考えている。そして、結果的に社内の知識共創文化を育成し、従業員のイノベーションに対するモチベーションアップを実現した好例であると確信している。

本書の内容は、脅威と破壊にどのように立ち向かい、それらをどのように機会と価値に転換したらよいのかについて知りたいと考える、全ての人に役立つはずである。

〈注〉

1 アナログフィルム技術の時代には世界で30～40社ほどのメーカーが存在した。それが1970年代、80年代に入ると大手4社だけが生き残り、その後コダックと富士フイルム2社の競争のすえに、富士フイルムが勝者として勝ち残った、という歴史的経緯をなぞらえた表現。

2 「Never Stop」は、富士フイルムの多岐にわたる事業領域や挑戦し続ける企業姿勢を広く伝えるために展開するグローバルブランディングキャンペーンの名称。

3 英国民が考える世界最大の科学的イノベーションは何かを明らかにするため、ロンドン科学博物館が5万人の回答者を対象にした調査を行ったところ、X線が一番にきて、その次に、ペニシリンとDNA二重らせん構造の発見が続いた(http://news.bbc.co.uk/1/hi/health/8339877.stm を参照)。

CHAPTER 2

Fujifilm’s Reform — A Battle That Cannot Be Lost

富士フイルムの改革

絶対に負けられない戦い

——古森重隆

ミネルバの梟《ふくろう》は黄昏に飛び立つ。
——ゲオルク・ヴィルヘルム・フリードリヒ・ヘーゲル

富士フイルムは、事業環境が大きく変化する危機をいくつも乗り越えるごとに強くなった。2018年度の営業利益は、史上最高を更新した。写真フィルム需要がピークであった2000年度と比べると、2018年度の売上は1・7倍（2018年度：2兆4315億円、2000年度：1兆4403億円）、営業利益は1・4倍（2018年度：2098億円、2000年度：1497億円）に拡大しており、現在、さらなる成長に向けて邁進している。

私が社長に就任した2000年、富士フイルムの主力事業であったカラーフィルムを中心とする写真関連事業は売上のピークを迎えた。一方、デジタルカメラが急速に普及し始めた。これは、発明から200年近い歴史がある写真フィルムが、いずれ不要になることを意味していた。実際に写真フィルム市場は急減し、数年で世界総需が10分の1以下に縮小したのは前章で述べられているとおりだ。いわば「本業消失」。この衝撃は、会社にとって、社員にとってどれほど凄まじいものであったかご想像いただけるであろうか。会社の屋台骨である事業がわずか数年で赤字に転落するという事態である。しかし、富士フイルムは、この危機を自力で乗り越え、そして今、再び成長を続けている。それまでの写真関連事業中心から脱却し、思い切った事業構造の転換を果たし、再び成長企業へと生まれ変わらせることに成功した。この「第二の創業」については、前章で詳しく説明されているので、ここでは、この改革を断行した私自身の思いと私の仕事に対する考え方について述べたい。

決意

「来るものが、来てしまった。このままでは大変なことになる」というのが、当時の私の思いだった。２００３年にＣＥＯに就任し、会社の改革を進めるにあたって、私が真っ先に考えたことは、「富士フイルムという会社を、21世紀を通してリーディングカンパニーとして生き続けさせる」ことだった。ただ生き延びるだけであれば、不採算事業を切り離すなど方法はいろいろあったが、そうした選択肢を選ぶ気持ちは微塵もなかった。これまでイメージング業界において、世界のリーディングカンパニーの一つとして高収益を上げ続けてきた富士フイルムという会社を、21世紀も社会的に存在意義のある会社として存続させねばならないという思いしかなかった。足元が崩れていくような危機的状況の中で経営の舵取りを任されたとき、「私は、この危機を乗り越えるために生まれてきたのかもしれない」という強烈な使命感を抱き、武者震いする思いであった。人生で最後の宿題、難題を突き付けられたような思いであり、これをしくじったら、私の人生は失敗になると考えたほどだ。生半可なことでは、この難局を乗り切れない。何としてでも、事業構造の変革を成功させることを心に決めた。

デジタル化への対応

「第二の創業」について語る前に、まずは、当社の主力事業に大きな影響を与えたデジタル技術の進展と、当社の対応について説明しておきたい。

富士フイルムでは、写真フィルムの需要がピークを迎える2000年の約20年前、1980年代初頭の段階で、将来、デジタル技術の進展が写真感光材料のビジネスを脅かす可能性を予見していた。当時、富士フイルムの事業ポートフォリオのうち、主力であった「印刷」、「医療」、「写真」という3つの市場において、デジタル化の萌芽が見え始めていた。印刷分野でのデジタル化は、医療や写真分野よりも早く訪れた。1979年、イスラエルのサイテックス社がNASAの技術を応用し、コンピューターによる製版情報処理装置「レスポンスシステム」を発表した。その後、さらに「CEPS（Color Electric Prepress System）」という電子集版システムが市場に入ってきた。印刷関連事業に携わっていた私にとって、これは衝撃だった。それまで製版工程では、多くのフィルムが使われていた。例えば、フルカラーの週刊誌の表紙は、文字、写真、絵などを別々に手作業で貼り込んで作られ、その際にはフィルムが数十枚使われていた。当社にとって製版フィルムは大きなビジネスであったが、CEPSは、写真原稿のポジフィルムをスキャナーで読み取り、色分解から集版工程までをコンピューターによってフィルムレスで行い、最終の製版用フィルムに仕上げることができる技術であった。私は当時、営業課長であったが、「将来、デジタル印刷の技術が確立されれば、これまで大量に使われていた製版フィルムが不要になる。大変なことが起こる」という危機感を抱いていた。

1980年代からデジタル化の足音は少しずつ、しかし着実に大きくなっていった。当時、私自身もデジタル時代の到来を予測はしていたが、それは一気に進むのではなく、段階的にステップを踏んで進むだろうと考えていた。例えば、写真の感度や解像度で、デジタルがアナログに追いつくにはまだまだ時間がかかるのではないか、と考えていた。もう一つ、当時私が考えていたことは、デジタル時代の戦いは、これまでの戦いとはまったく異次元で、厳しいものになるだろうということだった。参入障壁が高いフィルムのビジネスとは違い、標準化され、ブラックボックスが少ないデジタルデバイスでは、技術の競争ではなく、苛烈な価格競争になると考えていた。

こうしたデジタル化の初期の段階で、当社は3つの戦略で臨んだ。第一は、「デジタル技術を自社開発する」こと。第二は、「感光材料事業を継続する」こと。そして第三は、「新規事業を創出する」ことである。

「デジタル技術の自社開発」の例としては、「医療」「写真」「印刷」の分野で、デジタルX線画像診断システム、フルデジタルカメラ、印刷製版のデジタル化、画像ソフトウェアなどの開発を積極的に進めた。「感光材料事業の継続」としては、フィルムの高感度、高解像力をさらに進化させるとともに、デジタルカメラからのプリント需要も捉えていこうと、世界初のデジタルミニラボ「フロンティア」を導入、デジタルカメラで撮影した写真を印画紙にプリントする需要を掘り起こした。「新規事業の創出」は、デジタルでもない、感光材料でもない全く新しいものを生み出すことだ。技術的参入障壁の高さからプレーヤーが淘汰されていった写真フィルムの市場と異なり、デジタルカメラの市場では、競合がひしめきあい激しい価格競争が展開される。デジタル製品だけでは、感光材料で得ていた利益を確保できない。したがって写真に代わる大きなコア事業創出を目指した。

しかしながら、デジタルカメラが開発された後もしばらくは、写真分野でのデジタル化はなかなか進まなかった。富士フイルムが世界で初めて発売したレンズ付フィルム「写ルンです」の爆発的普及もあいまって、写真フィルムの世界市場は伸び続け、富士フイルムの社内でも「デジタルカメラは写真フィルムの解像力に追いつけない」「写真フィルムはあと30年もつんじゃないか」といった楽観論が広がっていた。このような状況の中で、当時の経営陣は、進めていたインクジェット、光ディスク、医薬品などの新規事業への投資をやめてしまった。写真フィルムという高収益の、シェアの高い絶対的なコアビジネスを持っていたがゆえに、時間もコストも掛かる新規事業への思い切った転換に踏み切れなかったのである。しかし、勇気をもって、現実を冷静に見ていれば、写真フィルムが伸び続けるわけがないことは分かったはずである。そのときに、今、何をすべきなのかを覚悟を決めて考えていなければならなかったのだ。

これは、どのような業界・会社にも言えることだが、足元の業績がどれだけ良くても、変化の「兆し」を見過ごしてはならない。世の中や市場に変化が訪れるときは必ず兆しがあるはずだ。その兆しはわずかなものかもしれないが、逃すことなく認知できるかが重要であり、経営者は自らの感度を日ごろから磨いておかねばならない。世の中や市場の動きに常にアンテナを張り、これまでとは違う何かが発現していないか、それが微小な変化であっても、見逃さない、研ぎ澄まされた感覚が必要である。仮に、その「兆し」が自社にとって不利に働くことが予見されたなら、なおさら、逃げることがあってはならない。時が経つほどにマイナスインパクトは大きくなるものであり、最悪は手遅れの状態に陥る。経営者は、現実を直視し、何が起きているのか、何がこれから起きようとしているのか、状況を正確に把握し、この後どうなるかを読み、その上で何をやらなければならないかを考えて、動く。これこそが経営なのだ。

経営トップは自らが選んだ道を成功に導くのみ

2004年に発表した中期経営計画「VISION75」の基本方針の一つである「新たな成長戦略の構築」のため、自分たちの技術資源や経営資源を活かせる分野を見極めるべく技術の棚卸しをさせたことは、前章で述べられている通りだ。私は、できあがった4象限のマップをもとに、富士フイルムの新たな成長を担う事業領域を選んだが、その際、「勝ち続ける」ことができるケイパビリティが当社にあるか、富士フイルムの基盤・コア技術を生かすことができるか。それが選択の基準だった。それぞれの技術の評価、商品化の戦略については、相当な検証を繰り返した。事業戦略、技術戦略、製品戦略を多角的に見て判断し、最終的に経営トップとして判断をくだした。経営トップが選択を間違えることは、会社全体の失敗に直結する。新たに進むべき事業領域を決める議論は、基本的に社内だけで行った。その間、部下には、「社外のコンサルタントなどの意見を信用しすぎるな。自分たちで考えろ」と言い続けてきた。もちろん、特定のテーマについて、外部の専門家の意見を聞く場面もあるが、専門家の意見は、あくまで専門家の意見として聞くべきである。自分たちの会社をどうすればいいのかを人に聞くなど、もってのほかだ。特に経営者が最終的な判断を外部の人材の助言に頼ろうとしているならば、そんな経営者は即、辞めた方がいい。

経営者が決断を間違えると、組織は壊滅的な打撃を被る。ゆえに、私は富士フイルムのCEOとして100の決断をしたら、そのすべてを間違えないという覚悟で日々の決断を下してきた。だが、決断の過程では、ギリギリまで考え抜いても結論が出ないこともしばしばあった。そんなとき、私は「いずれを選択しても正しいのかもしれない」と考えることにしている。意思決定には常にデッドラインがあり、ライバルの動向を含め情勢も刻一刻と変化している。そうした中、経営者が完全な情報で判断できる機会はまずない。それを恐れて意思決定を先送りするくらいであれば、どちらを選んでも成功の確率に大差ないと腹を決めて、いずれかの方向に足を踏み出す方がいい。もちろん、その後は選んだ道を全力で成功に結び付けなければならない。実行にあたり重要なことは、プライオリティを決め、スピードとダイナミズムを意識することだ。決断の先送りは、最もやってはならないことである。状況を見極め、プライオリティを決め、実現のプランを構想しなければならない。やるべきことは間違っていないが、スピードとダイナミズムが伴っていないために失敗するケースは多い。

私は、CEO就任当初から「第二の創業」に向けた改革を断行したが、改革のタイミングを逃さなかったことで、後のリーマンショックによる世界的大不況、凄まじい円高など、数々の危機や自然災害にも対処することができた。もし写真フィルム事業を中心とした構造改革への着手があと少しでも遅ければ、リーマンショックと重なって、富士フイルムは本当に決定的なダメージを受けていたはずである。

経営者は選択した方向に社員を導き、成功するために決めたことに全身全霊を傾ける。成功しない決断に意味はないのだ。私は一度決めたことは結果が出るまで断固として、それこそ周囲を引きずってでも実行し、そして成功に導いてきた。

技術志向と多角化経営

富士フイルムは技術志向の会社である。対象とする市場において、将来にわたって勝ち続けるためには、他社にはないコアとなる強い技術が必要だ。当社は創業以来、独自技術の開発のために惜しまずリソースを投入してきた。デジタル化による危機が直撃したときでさえ、私は、将来技術のための投資を減らそうとは思わなかった。他の経費は削減しても、将来に必要な研究開発費なら、むしろ増やすべきだと考えた。目先の利益だけを考え、研究開発費のような先行投資を極限まで減らせば、短期的に利益を上げることはできる。企業は、絶えず新しいものを生み続けていく文化や体質を持ち、そして、世の中に価値を提供する存在として、ゴーイングコンサーンでなければならない。経営者は、社会に価値あるものを提供し続ける企業を将来にわたって永続させる責務を負う。だからこそ、未来につながる投資が大事なのである。

企業の成長性を確保するために何をすべきか。富士フイルムにとっての2003年以降の10年は、新たな成長の種を生むために投資が必要な期間であり、年間2000億円規模の研究開発費を捻出し続けた。このことは、「いかに株主資本を効率良く使い、そして高収益を上げられるか」という、言わば「株主第一主義」の経営を追求してこなかったと言われるかもしれない。違う言い方をすれば、効率を犠牲にしなければならない局面も経営にはあるということだ。確かに中長期的な研究開発投資は、すぐに成果に結びつくものではなく、芽が出るまでに時間もかかる。短期的には経営効率を表す数値が悪化するかもしれない。しかしながら、企業は常に将来を見据え、やがて会社を支えていくであろう技術への投資を怠ってはならないのだ。

VISION75では、研究開発の体制も刷新した。それまでの研究開発は、工場に併設した研究所で行っており、機能別に各地に分散していた。例えば、写真フィルムなどの感光材料を生産していた足柄工場に隣接する足柄研究所では、感光材料を研究対象としていた。この体制を改め、将来を念頭においた先進的なコア技術を生み出し、新規事業や新製品の基礎となる技術を開発する「コーポレートラボ」と、事業に直結する製品や技術を開発する「ディビジョナルラボ」という体制に再編した。

富士フイルムはケミストリー、エレクトロニクス、メカトロニクス、オプティクス、ソフトウエアなど、広範な分野で高いレベルの技術を有している。しかし、世の中の技術が速いスピードで進歩し、市場ニーズも多様化する中、一つの技術で解決できることは少なくなっている。そこで、つくったのが富士フイルム先進研究所だ。あらゆる分野の研究者が集まり、全社横断的な先端研究が可能で、新規事業や新製品の基盤となるコア技術を開発する研究所というのが、先進研究所のコンセプトだった。当時はまだオープンイノベーションという言葉や考えが今ほどは広まっていなかったが、この研究体制の再構築と先進研究所のコンセプトは、社内におけるオープンイノベーションだった。

研究所のシンボルに私が選んだのは、ミネルバという女神と梟《ふくろう》だ。哲学者ヘーゲルは『法の哲学』の序文で、「ミネルバの梟は黄昏に飛び立つ」という有名な言葉を記している。ローマ神話の女神ミネルバは、技術や戦の神であり、知性の擬人化とみなされた。梟はこの女神の聖鳥である。一つの文明、一つの時代が終わるとき、ミネルバは梟を飛ばした。それまでの時代がどういう世界であったのか、どうして終わってしまったのか、梟の大きな目で見させて総括させたと言われている。そして、次の時代に備えた。これを富士フイルムの状況と重ね合わせ、写真フィルム全盛時代の終焉を黄昏として、そこから新たな価値を生み出すための中核を担う技術基地がこの先進研究所である。技術とは、一足飛びに進化するものではない。次代のため、将来も勝ち続けるために、技術開発を怠らず、強みとなる技術を磨き続けなければならない。

また、富士フイルムは多角化を模索し続けてきた会社でもある。写真フィルムの国産化を使命に創られた会社であるが、創業間もない頃から医療用X線フィルムを自社開発するなど、写真フィルムの技術を横展開して事業領域を広げてきた。前章で、長年にわたって培ってきた自社開発のコア技術が、新規事業拡大戦略の基礎となっていることが述べられているが、強固な事業ポートフォリオを早期に構築するために、必要な技術をM&Aを通じて外部からも獲得してきた。M&Aは、手持ちのリソースでは不足しているピースを補う方法として、また、時間を買うことができる方法として有効な施策である。登山に例えると、麓からではなく、5合目からスタートするようなものだ。もちろん、対象企業とのシナジーも含めて、山頂まで登りきる力を備えていることが前提である。経営者は、なぜその企業を買収するのかを明確にした上で、どのくらいの対価を拠出し、どのような時間軸で実行していくのか、また、どう収益を得ていくのかを計算し、判断しなければならない。

これらを十分考え抜いてこそ、M＆Aが企業経営の重要な手段になる。自分たちが持つ技術と組み合わせることで、もっと大きなポテンシャルが生まれるであろう技術、あるいは、自分たちが持っている営業力や販路を使えば、もっと市場を拡げることができるであろう製品など、それらのピースが自分たちに加わることで、単純な1＋1＝2という足し算ではなく、組み合わさることで生まれるシナジーによって効果が大きくなるもの、つまり1＋1が3にも4にもなるM＆Aを我々は志向している。こういったM＆Aは、買う側も、買われる側もWIN－WINとなり、両社に意味あるものとなる。当然ながら、M＆Aは、対象企業を手に入れたからそれでよいというものではない。手に入れた後のPMI（Post Merger Integration：M＆Aを実施した後の効果を最大化するための統合プロセス全体）もまた疎かにしてはならない重要事項である。

コダックと富士フイルムを分けたもの

長年のライバルであったコダックが2012年に米国連邦破産法11条の適用を申請したのとは対照的に、富士フイルムは事業構造のトランスフォーメーションに成功し、成長を続けていることが、これまでに世界中のマスメディアやビジネス書に加え、ビジネススクールのケース等に数多く取り上げられてきた。それらの主なテーマは「富士フイルムとコダックの違いは何か」である。これについての私の考えを示しておこう。

一つ目は、コダックは長きにわたり、写真フィルム市場で世界トップに君臨していたことがかえって、新たな事業分野への進出を阻んだ可能性である。富士フイルムは、創業以来、巨人コダックを追いかける挑戦者であり、積極的に新たな事業分野に進出していったことは前章で述べられている通りである。コダックは、デジタル化の流れが分かっていながら、多角化に思い切った転換ができなかったように見える。二つ目は、デジタル化への向き合い方である。富士フイルムの考えは至ってシンプルで、いずれデジタル時代は来る。自分たちがやらなければ他社がやる。であれば、自分たちがやるべきだというものであった。一方のコダックは、主力ビジネスである写真フイルムとカニバリゼーションとなるデジタルカメラを自社でやらず、ＯＥＭで展開する戦略をとった。コダックはその後、デジタルカンパニーへの進化を目指したようであるが、そもそもデジタル事業に対する考え方が富士フイルムとは根本的に違っていた。私は富士フイルムを単なるデジタルカンパニーにするつもりは毛頭なかった。なぜなら、写真に関連するビジネスだけをデジタル化しても、事業規模は大きくない。しかも、デジタルの世界はコモディティ化が避けられないため、いずれ価格競争になることは明白であり、収益貢献が期待できない。これでは、数兆円という私が目指す企業規模は維持できないと考えた。いずれにしても、長年のライバルが経営破綻したことは残念なことだった。

経営の本質とオーナーシップの重要性

前述の富士フイルムとコダックの違いの他に、外部の方々から何度も問われたことがある。それは、これほどまでの大規模改革を、短期間で一気に進めたことから、社内の反発や軋轢はなかったのか、という問いである。その答えは、私が進めた改革に反対した従業員はいなかった、である。仮にいたとしても、その声に配慮して必要な改革を断行しないということは絶対になかったと断言できる。多数決による意思決定を否定するつもりはない。そうした意思決定は、平時においては有効な手段の一つである。しかしながら、危機下においては、周囲に意見は求めるが、経営者は己の責任で決断し、組織を導くべきだ。企業が民主主義である必要はなく、誤解を招く表現であることは承知の上であえて言うならば、経営者は優れた独裁者であるべきだ。

また、これは経営者だけではなく、全てのビジネスパーソンに当てはまることであるが、その人が持つ会社に対するオーナーシップの強さが仕事の結果を左右すると私は考えている。ここで言うオーナーシップとは、会社のことを自分事としてとらえ、「自分のため」ではなく「会社のため」という意識で仕事ができるかどうかを指す。オーナーシップのある人は会社を愛し、責任感も強いため、厳しい状況に置かれても簡単にはあきらめず、最後までやり抜く粘り強さがある。富士フイルムが本業消失という難局を乗り越えることができたのは、私自身がこのようなオーナーシップを常に持ち続け、仕事に取り組んできたこととも関係があると思う。

ビジネス五体論

ここからは、私が考える個人のパフォーマンスについて説明する。私は、ビジネスパーソンの仕事の成果は、その人の持つ「人間力の総和」だと考えている。仕事のパフォーマンスが良いか悪いか、成功するかしないか、勝つか負けるかは、人間の五体すべての総和で決まる。私はこれを「ビジネス五体論」と呼んでいるが、危機に直面した際も、平時の際も、ビジネスパーソンの基盤となる力である。この「ビジネス五体論」は、全ての人間力を使って会社と従業員を引っ張っていく経営者にとって特に必要だが、私はこの基本概念を国内外の全ての従業員に対して、さまざまな仕事の場面において実践していくことを求めてきた。

図表2.1 「ビジネス五体論」

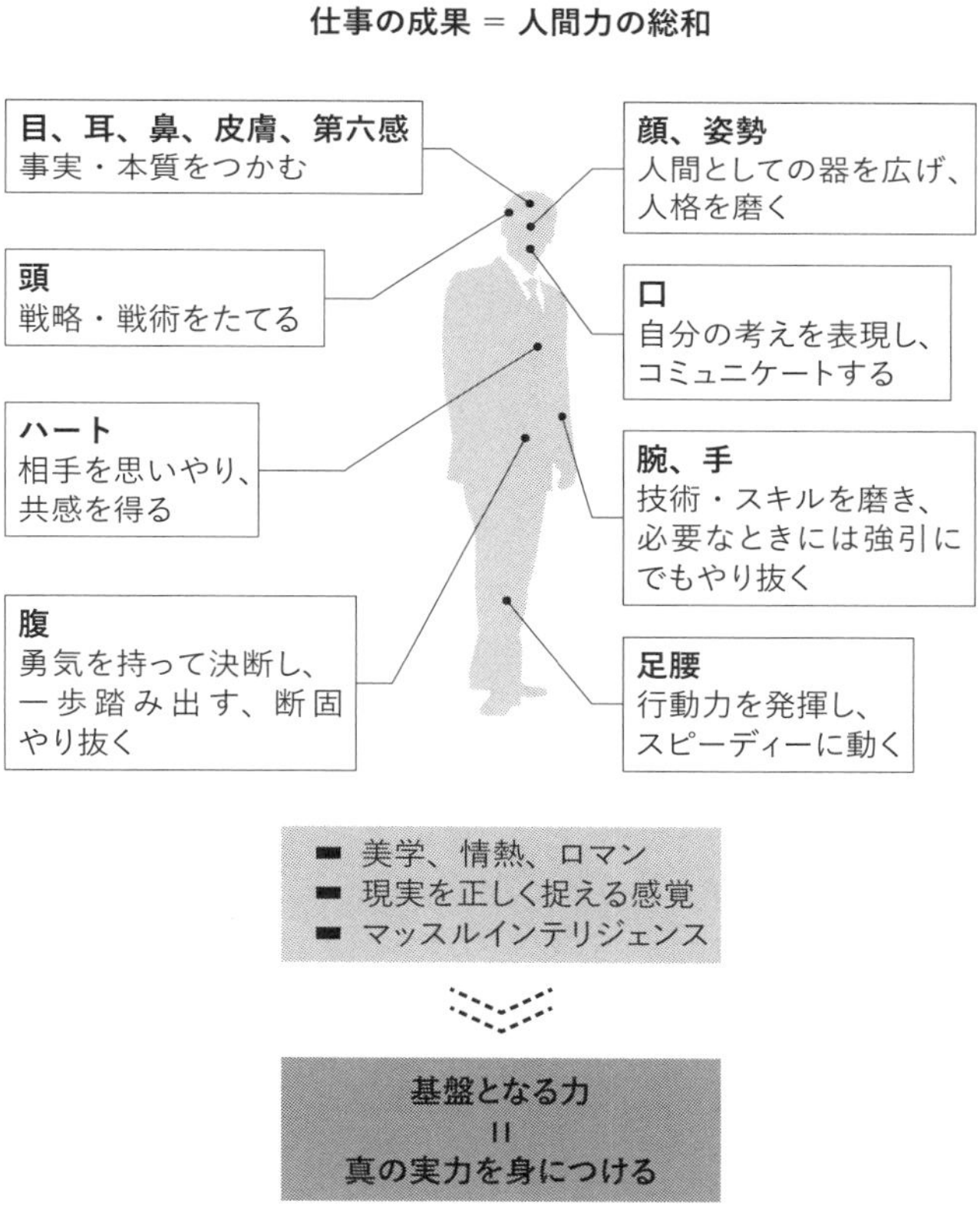
仕事の成果 = 人間力の総和
目、耳、鼻、皮膚、第六感
事実・本質をつかむ
頭
戦略・戦術をたてる
ハート
相手を思いやり、共感を得る
腹
勇気を持って決断し、一歩踏み出す、断固やり抜く
顔、姿勢
人間としての器を広げ、人格を磨く
口
自分の考えを表現し、コミュニケートする
腕、手
技術・スキルを磨き、必要なときには強引にでもやり抜く
足腰
行動力を発揮し、スピーディーに動く
■ 美学、情熱、ロマン
■ 現実を正しく捉える感覚
■ マッスルインテリジェンス
基盤となる力
=
真の実力を身につける

仕事のパフォーマンス（成果等）は、その人の持つ人間力の総和であり、人間力とは五体全部の力の総和である。少し詳しく言うと

①「目や耳」
これは情報収集力。何が起きているのか、その背後にある本質的なものは何かをつかむ力。「鼻」「皮膚」「第六感」も必要で、はっきり表れているものの他に匂いや感覚、勘でつかむ力も必要。

②「頭（脳）」
情報と脳内のデータベースに基づき分析し、本質を見抜き、課題を立て、対応のための戦略戦術を考える最重要な部分。

③「胸・ハート」
良心や道徳、人間に対する関心、共感度、思いやり、愛情といった心的要素。これが少ないと他の人はついてこない。人間関係が充分でなくなる。仕事は他人と協働してやるものである。

④「肚・腹」
「肚の座った、肝の太い」等で表現される度胸・勇気や根性を指す。これが無ければいく

ら頭や心がよくても判断、決定が出来ない、最後までやり遂げられない。自分を鍛えて修練を積む。

⑤「足腰」行動力、現地現場主義。実践的な行動力や現場実証の重要性。これがなければ「机上の空論」に終わる。

⑥「腕・手」テクニックやスキルという面といざという時の「パワープレー」に必要な腕力という面の両方が必要。

⑦「口」自分の考えをしっかり表現する力、ディベート力。国際語としての英語は必須。

⑧「顔・姿勢」これまで述べてきたような人の内面を表す。しっかりした姿勢・態度・知性・内面の輝き、正しい生活習慣を反映する。社会人として重要な要素である。

ビジネスパーソンは、これらを認識し、生活や仕事のスパイラルの中でこうした諸要素を磨くことが求められる。良いスパイラルを作った人は、五体バランスよく成長し、人生や仕事が充実していく。この中で自己を成長させ、自己実現を図っていくことが出来る。自己実現こそが人生の意義、目的であろう。それはまた、同時に人生と仕事という二重の社会性を賢く調和させていく唯一の方法であると思う。

従業員のケイパビリティを引き上げる

ビジネス五体論をベースに、従業員のモチベーションとケイパビリティを高め、本業消失の危機に正面から立ち向かうため、従業員の行動基盤となる考え方を「富士フイルムウエイ」としてまとめた。これには、社内の数多くの現場マネジャー層へのヒアリングから得た「大事にしたい富士フイルムの良い部分」「トランスフォーメーションするべき富士フイルムの変革ポイント」を加味している。2005年にスタートした「富士フイルムウエイ」は、従業員一人ひとりが強い個人となり、成長し続けること、そして変化に対応できる仕事の仕方を身に付け、構築していくことにより、社会に新たな価値を提供し続ける当社のビジョンを実現するために必要な基本的な考え方をまとめたものだ。

富士フイルムは、これまでにも大きな環境変化や危機に遭遇し、その度に乗り越えてきた。しかしながら、写真フィルムの急激な市場縮小は、経験したことがない未曽有の激変であり、企業風土と企業体質の転換が必要だった。従業員一人ひとりが、それまでの常識を脱ぎ捨て、もっと

図表2.2 「富士フイルムウエイ」

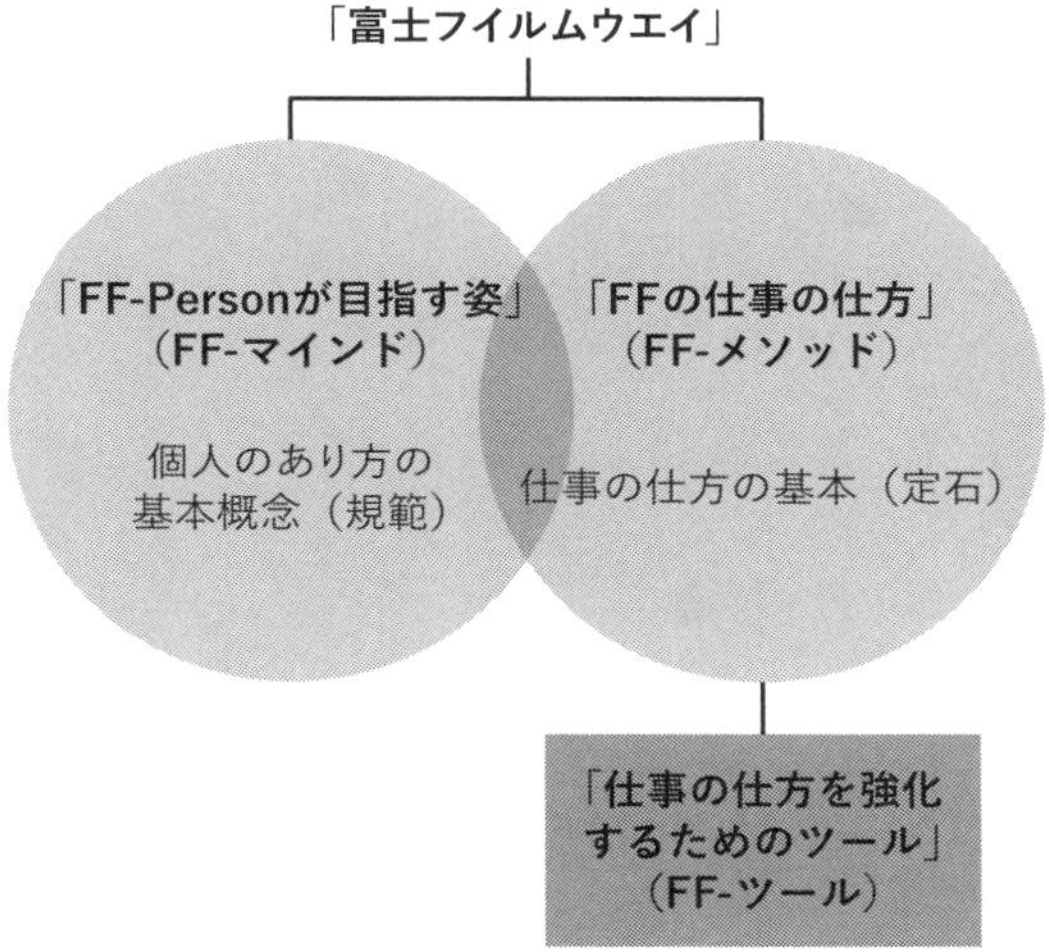

果断に、ダイナミックに、チャレンジングに、スピーディーに、率直に物事を考え実行するべきだと考えた。経営の決断にただ身を任せるのではなく、自ら考え、意識や行動を変え、そして自らも動く。「富士フイルムウエイ」は、これからの成長・変化に挑んでいくための従業員の道標となるものであった。

「富士フイルムウエイ」には、二つの大きな構成要素がある。一つ目は、「富士フイルム従業員が目指す姿（ＦＦマインド）」で、これはチームとして、また個人として仕事をする上で、大切となる行動様式、取り組み姿勢、価値観を理解し、それを実践できる強い個人・成長する個人を目指すものだ。二つ目は、「ＦＦの仕事の仕方（ＦＦメソッド）」で、仕事において成果を出すために必要な進め方の定石を理解し、いかなる変化にも対応できる実力を身に付け、仕事の仕方を習得することである。

例えば、課題へのアプローチ方法には、富士フイルム流の「型」がある。それは、次のようなものだ。

- 情報をきちんととって課題の本質をしっかり捉えること
- それに照らして明確な目標を設定すること
- 目標達成のためにストーリーを考えること
- 事実関係を把握すること
- 目標達成のための仮説を持つこと
- その仮説を検証しながら目標を達成するためのアクションプランを具現化すること
- 実際のアクションを通すこと
- 成果を上げていくこと

例えば、富士フイルムのマネジメントサイクルは、「See-Think-Plan-Do」を基本としている。通常、マネジメントのサイクルとしては「ＰＤＣＡ（Plan-Do-Check-Action）」が一般的に知られている。しかし当社は、サイクルの前段階を大事にしている。そこで生まれたのが、「ＳＴＰＤ（See-Think-Plan-Do）」である。Plan を立てる前に、もっとよく見て、考えようというわけだ。

See：すぐにできるＨｏｗに走らず、事実情報に基づいてＷｈｙ、Ｗｈａｔを大事にする
Think：アイデアに飛びつかず、本質を見抜く
Plan：しっかりとした骨太の計画を組み立てる
Do：果断にチャレンジして、やり抜く
　そして最後に、先頭のＳｅｅに立ち返り、やりっぱなしにせず、結果をフィードバックして次に活かすスパイラルを回す

米海兵隊においても、計画ありきで効率を追求するＰＤＣＡ型ではなく、知的機動力を高める「ＯＯＤＡ型：Observation（観察）－Orientation（情勢判断）－Decision（意思決定）－Action（行動）」が採用されているという。これは当社のＳＴＰＤと同じく、状況を観察して過去の経験、自身の資質など自らが蓄積してきた暗黙知と、新たに知覚した情報をもとに判断する前段階を重視したモデルだ。変化の激しい時代、未知の領域に挑むためには、「ＰＤＣＡ」よりも、「ＳＴＰＤ」こそが、ビジネスで結果を出すために必要なマネジメントサイクルだと私は考える。

過去最高の業績とリーマンショック

「第二の創業」を果たすために、富士フイルムがさまざまな取り組みを進めてきたことは、これまでに述べた通りである。2008年3月期、かつては2700億円以上あった富士フイルムの写真フィルム事業の売上は、約750億円と四分の一になっていた。印画紙等を含めた写真事業全体でも、約6800億円が約3800億円に激減した。しかし、この年、富士フイルムは、売上高2兆8468億円、営業利益2073億円という過去最高の数字を達成したのである。我々は、本業消失の危機を乗り越え、新たな成長の道を進み始めたのだ。

伸長する事業への大規模な投資、新しい事業への投資、持株会社化に伴う組織変更など、トランスフォーメーションに向けての努力が大きな成果になって表れた。「改革は確実に進んでいる」、「正しいことをやれば確実に成果は出る」と改めて思ったものである。まずは、一段落。これが当時の私の正直な気持ちであった。まだ改革が全て終わったわけではないが、あとはこの調子で伸ばし続けていけばよい。そう思っていた矢先に、いわゆるリーマンショックとそれに伴う世界的大不況へと突入した。「ありえないことが起きている」。そう実感したのは、リーマンショックが起きた2008年秋のことである。ある主力事業の売上を見て、愕然とした。その事業の月度販売達成率が、計画に対して17%だったのだ。私は長く営業部門を歩んできたから、その数字が「あってはならない」数字であるとすぐに分かった。もし全部門で同じことが起こったら当社は壊滅する、と大きな衝撃を受けた。しかし、恐るべき事態が起きていることを否定はできない。現実として受け止めて、手立てを講じるしかなかった。

二度目のリストラと終わらない挑戦

突発的な危機に見舞われたとき、経営トップは何をするべきか。まずはその影響がどの程度で、どのくらい続くのかを見極める必要がある。その時、凄まじい状態であったとしても、すぐに落ち着くことが予想されるのであれば、それなりの対処をすれば済む。しかし、しばらく落ち着くことがないようであれば、相当な手立てを講じなければならない。金融危機の影響はどの程度、どれくらいの期間続くのか、最終的に経済規模はどれくらいまで縮むことになるのか。リーマンショックが起きた当初は、なかなか先行きが見通せなかったが、年があけるころには、少しずつ目途が立ち始めてきた。私の読みは、全体の市場が75%から80%のサイズに縮小し、そこから再び緩やかに拡大しはじめる、というものだった。

影響のインパクトと期間が見極められたなら、経営者が次にやるべきことは、その事態に会社をアジャストさせる、つまり企業の構造を変えていくことだ。写真フィルムのビジネスと同様、市場規模が縮小するなら、従来通りのビジネスをしていては利益を出すことが難しくなる。八掛けほどに市場が縮小してしまったことを前提にして、富士フイルムを利益を上げられる企業体質にすることが私の仕事となった。2004年から進めてきた写真フィルム事業の構造改革がようやく一息ついたところだったが、今度はあらゆる事業を対象に構造改革に挑まなければならなかった。全部門にわたる構造改革と、販売管理費や売上原価を低減させる取り組みを始めた。と同時に、重点事業の成長戦略を推進させた。このとき、構造改革の意味や目的を、従業員一人ひとりに正確かつ確実に伝える必要があると思い、全体会で私から直接会社の方針を発信するだけでなく、十数人の小さな単位でマネジャーからじっくりとメッセージを伝えていく機会を作った。

そして、2009年から2010年にかけて構造改革を実行し、非効率な設備・組織・仕事のやり方を徹底的に見直し、また間接部門などのスリム化に踏み切った。固定費を年間1000億円以上削減することに成功し、結果として2010年度は、営業利益を大幅に伸ばし、売上高もプラスに転じることとなった。こうして二度目の構造改革もうまくいったが、そこに深刻な円高や東日本大震災など経済に大きな影響を与える出来事が続いた。この先も何度も試練を迎えることになるだろう。新型コロナウイルス感染症による経営環境の変化も起きている。経営とは終わることない戦いの連続だ。必ず訪れるそうした試練、闘いに負けないために、もっと会社の体質を強化しないといけない。戦闘力を高め、業務遂行力を上げる。こうした意識を、私は常に持ち続け、従業員に伝えている。

この期間の舵取りは、大時化《おおしけ》に見舞われた富士フイルムを概ね正しい方向に導き、無事に航海を続けさせることに成功したと言えるだろう。私は入社以来、いつも難しいときに難しいことを任されてきたが、それらの困難な課題にがむしゃらに取り組む中で、会社から本当にいろいろなものをもらい、学び、成長させてもらった。そこで養った力を、会社に還元できたのではないかと思う。このような機会に恵まれたことは、経営者冥利に尽きると言える。

新たな成長

富士フイルムは、写真フィルムを中心とした会社から、ヘルスケア・高機能材料・ドキュメントなど、複数の成長分野で事業を展開する企業へと事業構造を大きく転換させ、強靭な体質を持つ企業に生まれ変わった。ヘルスケアや高機能材料などの成長領域に対して積極的に投資を行っており、今後も成長投資を継続していく。また、ドキュメント事業も新たな成長のステージにある。ドキュメント事業を展開する富士ゼロックスは、1962年、富士フイルムと英国ランク・ゼロックス社との合弁により創立した。そして2001年には、富士フイルムが出資比率を75%に上げ、連結対象子会社とした。富士ゼロックスは、半世紀以上にわたる歴史の中で、複写機にはじまりオフィスの生産性を高めるソリューションを提供し続け、売上高1兆円を超える企業へと成長するとともに、クロスボーダーのジョイントベンチャーとしては稀有な成功例としても知られている。2019年11月、これまでアジア・パシフィック市場で事業を展開してきた富士ゼロックスを富士フイルムホールディングスの100％子会社とした。さらに、2021年4月1日付で社名を「富士フイルム ビジネスイノベーション株式会社」に変更する。今後は、「富士フイルム」という共通のブランドを掲げ、グループ内の連携を強化するとともに、卓越した技術力、強い営業力と顧客基盤、そして徹底した顧客志向という強みを武器に、ワールドワイドでビジネスを展開し、さらなる革新的な価値を提供していく。

富士フイルムは、今後も継続的な成長を実現すべく、トップマネジメントによるリーダーシップとワールドワイドで働く7万人を超える従業員のオペレーションを呼応させ、先進独自の技術を生かしたイノベーティブな製品やサービスを提供し社会の進歩に貢献していく。

CHAPTER 3

Deconstructing the Fujifilm Way

「富士フイルムウエイ」の分析

―フィリップ・コトラー

人間の心の中にあるプライドと自尊心、胸に秘めた魂という武器――
これが奪われるということは、人間らしさが失われるということ。
人間から切り離されるということ。そして人間以下に成り下がるということだ。
――ローラ・ヒレンブランド

古森氏が富士フイルムの従業員に向けて掲げた、「ビジネス五体論」および「富士フイルムウエイ」の考え方とその背景にある原則について考察したい。富士フイルムウエイの大きな目的の一つは、社員の内なる意識を「土台」として、イノベーションから価値を生み出すことである。共創を実現するべく、社員にはまず自身の内面を見つめることが求められる（ＦＦマインド）。これは、共同作業を通じて自身のケイパビリティをフル活用し、自らを成長させる上では欠かすことのできない取り組みである。さらに、創造性と革新性を生み出すために、必要な仕事の進め方（ＦＦメソッド）を理解しなければならない。後に野中郁次郎氏による知識創造企業構築に関する先駆的な研究成果についても触れるが、富士フイルムは知識共創のための典型的なケーススタディを示している。その中核となる考えが、個人から全体へと知識創造が漸進的に波及していく「継続的な知識螺旋の共創」の概念である。

野中氏は２００７年、ハーバード・ビジネス・レビューで発表された著作『知識創造企業』において、「新しい知識はいつもたった1人の個人がもたらす」(p.164)、そして「個人が持つ知識は、会社全体にとって有益な組織的知識へと形を変える。個人が持つ知識を他者と共有できるようにすることは、知識創造企業において重要である。これは組織内での職位を問わず、どんなときも行われている」(p.165)と述べている。確かに、知識共創における自らの成長を絶えず追求することは、富士フイルムウエイの理念と合致する。

図表3・1に富士フイルムウエイの全体像を表す螺旋構造を示した。本章では、富士フイルムウエイの中核である知識共創が持つ継続的な性質について論じる。

全従業員に配布された富士フイルムウエイ・ガイドブックに記されている次ページの図は、従業員が富士フイルムウエイを実践し、成果を出し、仕事の仕方として確立させ、スパイラルアップさせていくという全体像を表している。

富士フイルム以外にも多くの会社が、知識創造によってイノベーションを加速させることを目的として、創造的意識を醸成するための「独自の方法」を有していると主張する人もいるかもしれない。それはもちろん正しい。世間に広く知られている「グーグルウェイ」もその一つといえよう。最も有名なグーグルのサービスのいくつかは、社員に柔軟性を与えたことで生み出された。その例の一つとして、1週間のうち1日は自分がやりたいことに取り組むことを認める「20%自由時間」がある。ただ、富士フイルムウエイのアプローチがこのグーグルウェイと違いユニークなところは、人が本来持っている能力を「訓練」することにフォーカスしている点であ

図表3.1　価値創造における富士フイルムのスパイラルモデル

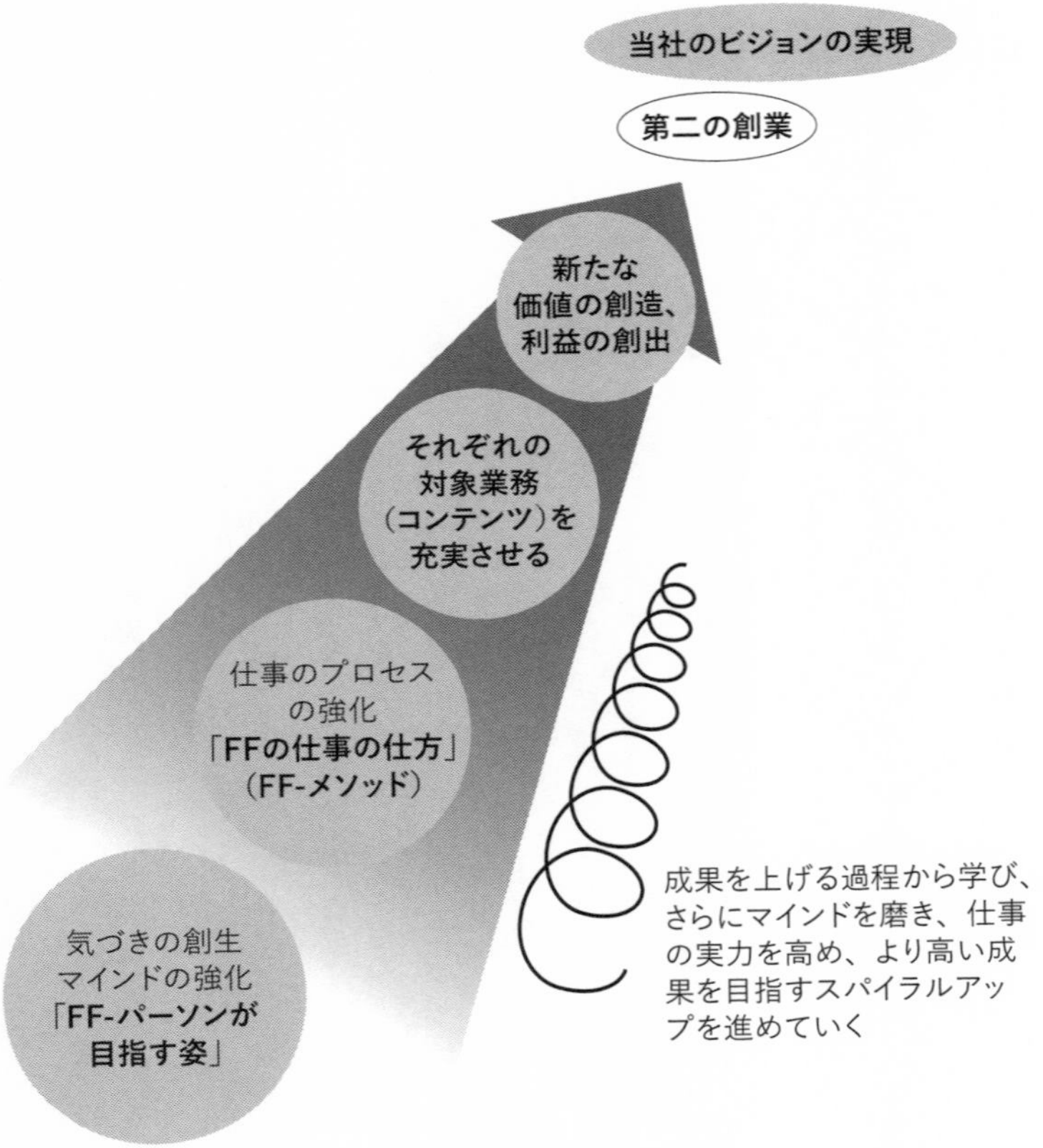

る。これを理解するために、まずは古森氏が示す「ビジネス五体論」をより詳しく説明していきたい。

ビジネス五体論と理想的なFFパーソン

ビジネス五体論は、「企業のパフォーマンスは、社員一人ひとりが能力を余すことなく発揮できるかどうかにかかっている」という前提の上に成り立っている。古森氏の言う通り、「人のあらゆるパフォーマンスは、その人の持つ『人間力の総和』」ということだ。つまり、その人が持つケイパビリティ、あるいはその人の中にあり、まだ解き放たれていない「その人の持つポテンシャル（潜在能力）」に着目することで、人の成長を促すことができる。従業員に対し、自分の中に眠る本質に目を向け、同僚たちに対しもっとオープンに接するよう求めることで、知識の交換を最大限に行う上で必要な「チームワークの精神」を構築できる。「全てはその人が持つケイパビリティにかかっている」ので、従業員が自らのポテンシャルを信じることは非常に重要である。その視点から考えると、古森氏が富士フイルムの第二の創業の中心に「従業員のモチベーションアップとケイパビリティ強化」を据えたことは、1999年に刊行された経済学者アマルティア・センの著書にある「ケイパビリティ・アプローチ」と多くの共通点がある。

次に、「ビジネス五体論」の考えの背景にある、自己肯定の考えに着目したい。自己肯定化理論とは、1980年代後半に社会心理学者クロード・メイソン・スティールが世に広めたものだ。人は、自尊心や自己肯定感を脅かしたり、否定したりするような事態において、自ら感じた脅威を、自分にとって個人的に重要な価値について深く考えることで、より効果的に「バッファする（和らげる）」ことができる、と仮定するのがこの理論である。セラピー界では大変人気があり、心理療法士らは患者に、自己肯定感を持たせるために重要な事柄について考えを集中させるよう促すことが多い。例えば、幼少期の幸せな思い出を振り返らせたり、自分という人間の本質や、自分を唯一無二の存在にしているものは何か、というようなことに思いを巡らせるよう求めたりする。人間は自分自身を肯定しようとする際には、家族のような「親密な他者」と自分との関係を無意識のうちに記憶から呼び起こすことを前提としているからだ。すると、私たちの共感志向は自動的に刺激され、結果、自分とは異なる考えを持つ人間に対して、よりオープンな姿勢でいられるようになる。そう考えると、「自己肯定感」が対立の解決に用いられる最もポピュラーなツールの一つとされていても、さほど不思議なことではない。ビジネス五体論は理論重視で構築されたものではない。古森氏が自らの価値観と実際の経験をもとに、作り上げたものである。

ヒューマニゼーション（人間化）の領域では、私たちは個人間のバリアを取り払い、相互に共感を促し、社会の調和を育成する上で、マインドを認め合うことが第一ステップであると言われている。スーザン・フィスク教授が詳述しているように、「我々による他者への反応に影響を与えるものの中で、その他者が自分と似たマインドを持つ者であると思うことが、最も強力」(Fiske 2009, p.31) なのであり、結果、私たちが他者に対してどう振る舞うかは、他者の「マインドの質やケイパビリティを私たちがどう捉えているか」に基づいている。「ヒューマナイズされた知覚」というのは興味深い用語で、「相手を、内面（考えや感情のように、能動的な精神状態）を持つものとして認識すること」と定義されている（Harris and Fiske, 2009, p.199）。ここで注目すべきは、その内面が認知能力のみに限定されるものではなく、「我々自身と同じ思考、感情、願望、意図、自己認識の能力」にも及んでいることである（Fiske, 2009, p.31）。実際、これはまさにビジネス五体論の意図と合致する。ビジネス五体論では、従業員に、自分の真価を見つめ、認めることを促す。そしてその過程で、他者と関わり合うときに、他者の真価も認めるようになる。つまり、ビジネス五体論の究極の目的は、自分自身を認めることを通じて他者のことももっと認め、それを新たな知識の共創につなげるために、人間関係の構築を向上させることだと言える。自分を唯一無二の存在にさせているものが分かれば、他の人たちを唯一無二の存在にさせているものも、認めやすくなる可能性が高い。

社会心理学分野で使用されている別の興味深い用語で、「個性化」がある。これは要するに、相手のことを人間的特性を備えた者としてみなす言葉で、通常、相手の信念や意図、好みなどを思いやること、つまり先述した「ヒューマナイズされた認識」により行われる。相手を「完全に人間的特性をもつ者」として認めることができるとき、すなわち、自身のマインド内で完全に相手を個性化できるとき、その相手は、完全に「再人間化」される（Fincher et al., 2017; Fiske, 2009）。さらに、「自己の個性化」のプロセス、すなわち、自身の人間性を認めることは、「他者の個性化」を推し進めてくれる（Ambady et al., 2004）。これは、「集合的個性化」を主張する人類学者、カール・ユングによる「個性化」の初期の概念化に信用度を与えてくれる。なぜなら、「個性化は人とともに、人を通じてのみ可能」（Jung, 1966, p.103）だからである。さらに、自己の個性化は理想的には「より強固で、より普遍的な、集合的連帯」に至るべきである（Jung, 1966, p.155）。

自己及び他者の個性化に関するこの難解な見解は、相手を個性化することが、自己を個性化することと本質的に結びついていることを前提としている。また、この見方は、経営概念として現在、支持を得つつある「マインドフルネス」の概念とも一致する（Salzberg, 2002; Kabat-Zinn, 2005）。ある集団に属するそれぞれのメンバーの内面を力の源として動員することは、「全員の相互関連性」を育成し、「我々一人ひとりに内在する人間性と価値を認識するため」に、不可欠である（Todd, 2009, p.178）。マインドフルネスなどの心理的活動では、内的世界と外的世界との間に存在する不一致を自己認識することが求められる（Kabat-Zinn, 2005; Salzberg, 2002; Todd, 2009）。人間は、この二つの世界の不一致を経験すると、「不快感と精神的苦痛に苛まれる」（Lysack, 2012, p.169）が、他者への思いやりの気持ちを持ち、他者のために開放的になることで、そうした不快感や苦痛を和らげることができる（Todd, 2009）。

一方、このような自己内省は、価値創造のプロセスや知識の生成においても不可欠である。人は、互いに気楽な相手といる方が、自身の考えを表現しやすくなる。経営学の領域では、従来、人の内面で情報がいかに処理されるかに基づいて思考プロセスが進むという見解が一般的であったと野中、他（2016）は指摘している。これは別名「脳に縛られた視点」として知られており、「思考と認知において、脳は中心的かつタスク実行的な役割を果たす」もので、身体の脳以外の部分はセンサーおよび「脳の効果系」に過ぎない、と見なす考え方である（前掲書、p.171）。しかし、現在盛んに行われている意味形成に関する一連の研究では、脳ではなく「身体の一部としての心」という見解に基づいている。それらは、「脳と身体、および脳・身体系統と環境との間の、ダイナミックな相互作用」（前掲書、p.171）の存在を前提としている。

ここで、ヒューマナイズされた認識との比較に留意したい。「暗黙知」という言葉の生みの親として知られるポランニーは、「暗黙知を排除しながら、すべての知識を形式化しようとするプロセスは自滅的である」（Polanyi, 1969, p.20）という前提の上に暗黙知の次元を置いている。なぜなら、「発見はマインドの暗黙的な力によってたどり着かなければならず、その内容は、不確定である限り、暗黙的にしか知り得ない」（Polanyi, 1966, p.1）からである。そして、暗黙知を明らかにするために絶対不可欠となるのが、身体の内省である。古森氏も述べている通り、ビジネス五体論は、従業員のためだけではなく、「危機に直面しているときに、イノベーションを生み出そうとしているリーダーにとっても極めて重要」である。結局のところ、トップが個々の従業員を巻き込んで、会社を全体として率いることができるのは、人間力ともいえるケイパビリティに基づいているからである。人は成長するにつれて、さらに大きなプロジェクトを任せられるようになる。そして、プロジェクトから学んだことを活かして、その人もその人の会社も、さらなる成長を遂げる。このようなポジティブスパイラルは不可欠である。

したがって、ビジネス五体論とは、煎じ詰めると、センの「能力アプローチ」と、（現実から意味を形成することや、知識構造の中にある、隠れた、潜在的な、暗黙の領域を解読したいという意図を形成する作業を、身体の働きの一部としてとらえる）ポランニーの「考え方の自由」という視点を、融合させたものである。「理想的なFFパーソン」の論理とは、暗黙のものを明らかにするスキルを持ち（なぜなら、身体の自己内省はその本質上、暗黙的な発見のプロセスであるため）、関係性志向の自己アイデンティティを育成する人間主義的な原動力ということになる。

次は、富士フイルムのコーポレートスローガンである「Value from Innovation」を実現するために、FFパーソンが同社の戦略の中でどのような役割を演じるのかについて見て行こう。

富士フイルムメソッド

「富士フイルムウエイ」は、同社が目指す姿（FFマインド）と、成果を出すために必要な同社の仕事の仕方（FFメソッド）を説明している。このFFメソッドは、伝統的なマネジメント手法であるＰＤＣＡすなわち「Plan-Do-Check-Action」と一線を画している。古森氏は、「See-Think-Plan-Do」に基づく計画作成のアプローチを提案し、まず最初に問題を理解した上で、それに対する解決策を策定する際の重要な第一ステップとしての従業員による意味形成を強調している。ＰＤＣＡサイクルは、１９５０年に経営者や技術者を対象に日本科学技術連盟（ＪＵＳＥ）が開催した品質管理に関する８日間のセミナーで、英国の品質管理の教祖であるエドワード・デミングが行った講演から適用された日本式経営をルーツとしている。日本の品質管理、そして日本が高精度な技術を多数生み出した点は、この改革提唱者たちの功績に負うところが大きい。

同連盟は１９５１年、デミングが「日本の産業に及ぼした伝説的な影響」に敬意を表して、品質管理に関する最も古い賞の一つであるデミング品質賞を創設した（Porter and Tanner, 2011, p.7）。日本人は「Deming のサイクルまたはホイール」（1951）を取り入れたが、その際に Design（製品の設計）は Plan（計画）となり、（設計された製品の）Production（生産）は Do（実行）となり、Sales（製品を市場に投入する）は Check（売上の数字が顧客満足を確認できるものであるかを確認する）となり、最後に Test（試験）と（市場からのフィードバックに基づく）Re-Design（再設計）は Action（行動）となった。デミングが元々考えていたサイクルは、彼が編集に携わり１９３９年に発表されたシューハートのサイクルに基づくものであったが、それは、「specification（仕様）－production（製造）－inspection（点検）」の流れをベースとするものであった。もちろんマーケターであれば、ＰＤＣＡがマーケティング１・０、すなわちマーケティング理念の生産フェーズの必然的帰結であることをすでに認識しているはずである。

ここで留意したいのは、ＰＤＣＡは日本そして世界中の品質管理界のプラットフォームとして何世代にもわたって役立ってきており、単なるカイゼンの取り組みに留まるものではないという点である。このアプローチは過去においては富士フイルムの目的に大いにかなっていたかもしれないが、古森氏は同社の「第二の創業」を舵取りするうえで、従業員に求める思考プロセスを改めて検討しなおす必要があった。なぜなら、「第二の創業」で直面した多くの課題を遂行する上で、準備なしに最初から適切な計画立案（Plan）ができるとは考えにくかった。そこで、計画立案の前に、事実情報をしっかりと捉え（See）、収集した情報を評価分析した上で、本質を捉えて課題発掘する（Think）ことを強調している。See-Think-Plan-Do が、富士フイルムによるマネジメントサイクルの基本なのである。

全従業員に配布された富士フイルムウエイ・ガイドブックには、ＳＴＰＤマネジメントサイクルについて以下のような説明がある。

> 業務プロセスというと、誰もが聞いたことがあるのが、「ＰＤＣＡ（Plan-Do-Check-Action）」ではないでしょうか。富士フイルムでも、「ＰＤＣＡ」をマネジメントサイクルの基本としています。これは、計画して実行するだけではなく、その結果や経過をしっかり確

認して、必要な対処を行うことを徹底しようとするもので、重要な考え方です。

しかし、私たちが多く直面している課題遂行において、いきなり適切な計画立案ができるでしょうか。従来の感光材料中心の研究やビジネスにおいては、十分な知見や豊富な経験則があって、ＰＤＣＡの業務プロセスで十分だったかもしれません。しかし、取り巻く環境の激変、事業領域の拡大と競合環境変化に伴って、これまでの経験則や、蓄積した知の活用だけでは通用しない領域での仕事が増えています。また、新しい業務領域では、情報収集もすぐに欲しい情報を得られるとは限りません。ですから、計画立案の前に重要なことがあります。それが、事実情報をしっかりと捉えること（See）、そして収集した情報を評価・分析して本質を捉えて課題発掘すること（Think）です。この点を怠って計画―実行（Plan-Do）から入ると、試行錯誤の繰り返し、仕事のやり直し、そればかりか、かえって状況を複雑にして難しくしてしまうことになりかねません。そこで、ＦＦメソッドでは、ＰＤＣＡのマネジメントサイクルを補強して、特に、変化に対応できる仕事の実力を強化するために、See-Think の部分を強調して扱います。

一方で、情報収集（See）と、収集情報の分析課題発掘（Think）にばかり時間をかけていたのでは、仕事のスピードが上がらないという問題もあります。「See-Think-Plan-Do」では、See-Think の後に、迅速に Plan-Do を行い、そして再度 See に戻るというサイクルを回していく点を大事にします。初期の情報収集・検討にばかり時間をかけすぎないで、そのあとでしっかり再度 See を行うのだから、テンポアップしてサイクルを一巡させるスピード感を大事にしようというのが、See-Think-Plan-Do の重要ポイントです。

次の章で、人間主義的なリーダーシップスタイルについて検討する際、この「スピード感を大事にする」点について再度言及するが、古森氏が富士フイルムウエイを通じて全従業員に実践知(practical wisdom) を広めようとした点に着目したい。要するに、ＳＴＰＤは古森氏自身の価値観や経験、古森氏自身がどのようにして課題の意味を理解し解決してきたかを表している。古森氏はこの実体験から得たスキルを富士フイルムの従業員に授けようとしたのである。

また、ビジネス五体論は従業員の間に倫理観を浸透させることを基本としている。育成を通じて、人間力を磨き、また内面をも成長させようとする自分自身を尊重し、他者への同情や共感を通じてよりよい人間になろうとすることで、その人間は他者との間に質の高い関係性を有するようになる。他者に敬意を持って接し、他者の尊厳を守ることが、相手のモチベーションを高め、うまく協働していくための鍵となる。これは、チームで働く際の古森氏のスタイルとなっているが、古森氏が人生を通じて得た価値観に由来するものである。富士フイルムには、従来から人を大切にする企業文化があった。古森氏が富士フイルムに入社したきっかけは、「富士フイルムの社風や社員の人柄がフェアで極めて好ましいものに映り、人事部長や役員と波長が合ったからだ」という。

CHAPTER 4

Re-mapping the Terrain of Innovation

イノベーションの地勢の再マッピング

――フィリップ・コトラー

多くのイノベーションは失敗する。
しかしイノベーションしない会社には死あるのみ。
——チェスブロウ（2006）

オックスフォード英語辞典によると、「地勢」とは、「特に物理的な特徴という視点から見た土地」を指す。多くの場合、イノベーションの「地勢」は、これから読みすすめて分かる通り、多くの意味で地質学的な「地勢」よりも流動的である。イノベーションの「地勢」は決して静的なものではなく、流動性によって境界線や輪郭の区別が複雑になっている。この流動性を取り上げることで、読者はイノベーションの多様さと複雑さを感じ取れるのではないかと思う。これまで、変わりゆくイノベーションの状況を捉えようという試みが幾度となく繰り返されてきた。しかし、イノベーションは組織科学において比較的新しい分野であり、イノベーションに関する統一的な見解はいまだ登場していない。本章でも、やはり統一的な見解を導き出すことは試みない。

フォーゲルバーグ、フォーサス、サプラサートは、50年間にわたって影響力の大きなイノベーションのレビューを行い、その中で、「ほかの新しい科学分野や専門領域」と同様に、イノベーションも「難しい問題」にさらされており、「結果として、新しい知識が求められている」と指摘している（Fegerberg, Fosaas and Sapprasert, 2012, p.1146）。チェスブロウは、有名な著書『オープン・イノベーション』の序章で、「イノベーションの思想は古くさくなっている。そのためイノベーションの分野自体にイノベーションが必要である」と憂い、「イノベーションのイノベーション」を提唱している（Chesbrough, 2006, p.ix）。私とデ・ベスとの共著（de Bes and Kotler, 2011, p.8）でも述べたが、「イノベーションに関する研究は数多く行われており、ある程度の進歩は認められるものの、包括的、統一的、普遍的な理論にはいまだ達していない。クリエイティブな手法、イノベーションプロセス、企業での実践例、イノベーション文化を作り出す方法などについて役に立つアイデアが書かれた書籍は出版されている。そうした書籍には、検討に値する興味深い事実がたくさん記載されている。しかし、具体的な作業計画を求めているマネジャーが必要とする答えを示しているような書籍や論文は存在しない。経営の一分野としてのイノベーションは、今なお未発達である。イノベーションについて次第に多くのことが明らかになってきているが、使うべきプロセスやツール、イノベーション構築に求められる全般的な枠組み、などに関する広く受け入れられたコンセンサスはいまだ存在していない」。

一つ明確なのは、新しい市場や社会的な課題が登場し、企業がそうした課題に対応するために新しいイノベーションのアプローチを考え出そうとする中で、イノベーションの本質自体がイノベーションされつつある時代に来ているという点である。だが一体、イノベーションとは正確には何であろうか。ここでもまた統一的なコンセンサスは存在しない。チェスブロウによると、イノベーションとは「実行に移された発明、市場に導入された発明」を意味する（Chesbrough, 2006, ix)。野中によると、イノベーションとは新しく、意義ある知識の創造、すなわち「イノベーションの本質は具体的なアイデアやビジョンに従って世界を創造し直すことである」(Nonaka et al., 1995, p.10)。私とデ・ベスとの共著（de Bes and Kotler, 2011, p.8）では、アイデアとイノベーションを区別し、イノベーションは「顧客のためにより高い価値」を提供することと定義した（p.10)。そのため、イノベーションとマーケティングは循環的に機能し、遡及的に相互醸成する。というのも、もしイノベーションがエンドユーザー、つまり顧客に付加価値をもたらさなければ、イノベーションは失敗する運命にあるからだ。

ただし重要なことだが、イノベーションは単に顧客のニーズに応えるという論理ではなく、むしろ「顧客の現在の行動を観察し、顧客の生活を豊かにする方法を想像することで、顧客を取り巻く環境を向上させる」という論理である（前掲書、p.10)。すなわち、イノベーションに対するヒューマニスティック・マーケティングの視点が存在している。最近のいくつかのレビューもこの観点を裏付けている。マイスナー、ポルトそしてボノルタスによるレビューでは、「人口動態の変化、気候変動、グローバル化、経済の構造変化などに見られる大規模な世界的傾向は、進化し続けているイノベーションの観念がどの程度ＲＴＩ（研究・技術・イノベーション）政策の拡大につながるかという疑問を提示しており」(Meissner, Polt and Vonortas, 2017, p.1184-1185)、そのためイノベーションの概念を「広げる」必要があると指摘している。事実、著者らは本質的なイノベーションの意味はすでに広がっていて、主な傾向として次のような方向への転換が生じていると主張する。

- 新製品や新サービスの誕生から市場投入まで、さらに組織の内外における知識生産のバリューチェーン全体にわたって、総合的、体系的にイノベーションを捉える
- イノベーション自体を目的としたり「純粋に経済的な動機」としたりするためのイノベーションから転換し、人類が直面する重大な社会課題を克服するためイノベーションの役割を統合する
- 教育、公共部門、社会的イノベーションを包含することで、イノベーション政策を拡張し、すなわち「責任ある研究とイノベーション」へ移行する

同様の傾向として、チャンらのビジョンでは、現在、イノベーションに関する理解がばらばらであることを考慮し、この分野を前進させるための中心的なステップとして、知識ベースのイノベーション（いわゆる野中の知識経営〝ナレッジ・マネジメント〟）の研究に人間主義的なアプローチを採用することを求めている（Zhang et al., 2013, p.170）。もちろん市場には不確実性が内在する。この不確実性は新しいイノベーションの形態を導き、刷新されたイノベーションモデルの主要な擁護者らは確かなものは不確実性だけ、言い換えれば、「変わらないのは変化すると

いうことだけ（only constant is change）」（Chesbrough, 2006, xvii）、ということで意見が一致している。この万物流転の見方をさらに広げたのが「破壊的イノベーション」の概念、つまり「生き方、働き方、学習の仕方、といった社会の仕組みを実際に変える」（前掲書、ix）イノベーションである。こうした破壊的イノベーションの問題は、既存製品を一掃し、市場の状況を変えてしまうことである。クリステンセンは、特に写真フィルムにおけるアナログからデジタルへの転換を破壊的イノベーションによる結果の一つとして指摘している（Clay Christensen, 1997）。こうした破壊的イノベーションは、企業に大きな問題を突きつける。これはクリステンセンが提唱する「イノベーションのジレンマ」、つまり中核的な顧客基盤からの転換の可能性が実際に迫っているとき、短期的な投資効果が得られそうもない新しい破壊的技術へ投資をするという不確実性の問題である（Christensen, 1997）。第1章では、マクロ的な視点から、富士フイルムがイノベーションのジレンマをむしろ積極的に受け入れることによって、破壊的技術をうまく御することに成功した経緯を紹介した。コダックが新しいビジネスの成長分野に投資しなかったとき、古森氏はリスクを取って、富士フイルムを救い、そして再生させた。

古森氏が言う「第二の創業」とは、破壊的イノベーションで破壊的技術に立ち向かうことにより、イノベーション自体を変革させる「イノベーションの可能性」を如実に示している。その際、人類や社会を繁栄させることによって、顧客の生活がより豊かになることに重きを置いている。したがって、現代の予測不可能で、混乱した、非常に競争の激しい、「変わらないのは変化するということだけ（only constant is change）」だという21世紀の市場つまり「地勢」に参入する企業は、国連の持続可能な開発目標（ＳＤＧｓ）などの、より広範囲な社会的目標を最終ビジョンに掲げなければならない。人類そのものがリスクにさらされていることを考えれば、イノベーションをはじめとする経営科学のマッピングにおいて、もはや選択の余地はない。マッピングは必ずしもマーケティングと融合している必要はないが、大前提として、少なくとも開放的道徳規範、つまり「人間性の発明における哲学、理論、政治」と融合すべきである（Booth, 2007, p.112）。最終的に、富士フイルムは、相当数の既存および新規のエンドユーザーの精神的・感情的・生理学的幸福に寄与していることを示すケーススタディの一事例になっている。企業の在り方についての古森氏の考えは、２０１８年の統合報告書に掲載された同氏のメッセージに表れている。

「現代社会は、貧困、飢餓、環境汚染など多様な課題を抱えています。いずれも、国際社会全体の問題として解決に取り組んでいかねばならないものです。その中で、企業の果たすべき役割を、私は、自社の技術や製品・サービスの提供という事業活動を通じて、社会課題の解決に貢献していくことだと考えています。そして企業には、そうした価値ある存在として、営みを長期的に継続し、将来にわたって成長し続けるゴーイングコンサーンであることが期待されています」

英国で初のマーケティング主席（Chair of Marketing）であり、Academy of Marketing UKの創設者であるマイケル・ベーカーは、ソーシャルビジネスの信念は「人々を駄目にしたり、迫害や構造的不平等を後押ししたりするようなプロセスを撲滅する」ことだと述べている（Baker, 2014, p.272）。マーク・タジェウスキがマーケターに対し現在の理論を見直し、「自由と可能性を描く」ことを求めているように（Tadjewski, 2010, p.217）、私もイノベーターとマーケターには、富士フイルムの例から学び、イノベーションとマーケティングの両方におけるフロンティアとなり得るものを取り入れ、人間的にも社会的にもこれまでの常識を打ち破るような破壊的マーケティング・イノベーションを生み出してほしいと思っている。

21世紀の企業は「声なき声」を代弁する必要がある。ＳＤＧｓはこれを実現する製品・サービス・知識ベースのイノベーションを生み出すための包括的な選択肢を提供している。我々が直面している現在の気候問題や差し迫っている環境危機の中で、イノベーションやマーケティングはもちろん、その他の事業活動の機能に限界があることは明らかだ。保護主義策を追求するあらゆる組織的選択はもちろん、いかなる国家も、短期から中期の変化を受け入れなければ、長期的な持続可能性は実現できない。この論理は、あらゆる企業、個別の専門家、国全体、そして文明全体に当てはまる。世界は、それぞれの国や文化から生まれた固有のイノベーションで満ちており、これが人類を繁栄させていて、皆がそこから学びを得る。このようなイノベーションがマーケティングと結びつくことにより、イノベーション・サイエンスにおけるさらなる革新につながると期待している。

我々が示す「富士フイルムウエイ」はイノベーション・マネジメントの特効薬ではない。むしろ、イノベーション・マネジメントという任務を負う人たちに、課題を提起するものである。富士フイルムのモデルは、21世紀における革新的なマーケティング・マネジメントをマッピングする上で、マクロ的視点あるいは洞察に優れた視点を提供するものであると私は考えている。ここで再びマイスナー、ポルト、ボノトラス（Meissner, Polt, Vonortas, 2017）およびチャンほか（Zhang et al., 2013）によるイノベーション研究について振り返ってみよう。彼らの研究結果によると、21世紀のイノベーションを進める上で重要なのは、社会的イノベーションと人間的イノベーションであるという。

マイスナーらが指摘した通り、「社会的イノベーション」にはさまざまな定義が存在しており、イノベーション自体とは異なり、いまだに考えが一致していない（２０１７）。欧州委員会は次のように定義している（出典：ＢＥＰＡ２０１１：43）：

「社会的イノベーションとは、社会的問題に対応していくために、新しい組織形態および相互作用の発展に関するものを指す（プロセス面）。具体的には、以下に対処することを目的としている（成果面）：

- これまでに市場が満たすことのできていない社会的需要。弱い立場のグループが直面している場合が多い
- 「社会的」と「経済的」の境界線があいまいであるものの、社会全体が直面している社会的問題
- 地位向上と学習が、幸福の源泉であるとともに結果になるような社会に向けた再構築

同じように、マゴワン、ウェストレイ、トゥジョーンバは、社会的イノベーションを「新しいプログラム、方針、手順、製品、プロセス、および、またはデザインであり、社会的問題に対処して、最終的にはそもそも問題を生み出す原因となった社会システムのリソースと権力のフロー、社会のルーティン、そして文化的価値を変えることを目的とする」ものと定義している(McGowan, Westley, Tjornba, 2017, p.4)。本章では、社会課題の解決につながるイノベーションの意義や理論について説明しているが、一言でいうと、そのような社会的イノベーションには、一般的なイノベーションに加えて、「人間的イノベーション」の要素が必須であるということだ(Zhang et al. 2013)。第3章では、富士フイルムがどのようにして人間的フレームワークを実践し、独創的かつ革新的な知識経営の文化を根付かせていったのかを簡単に紹介したが、第5章では、これをより詳しく説明する。

地勢のスナップ写真

イノベーションの概念化において繰り返し出てくるテーマに、組織の内外におけるR＆Dの統合、あるいはR＆Dとイノベーションの関係および役割の再定義がある。これまでのアプローチでは、R＆D部門が信頼、むしろ過度に信頼されていた（de Bes and Kotler, 2011）。資金を彼らに渡し、あとは全て任せる。すなわち、会社に代わってイノベーションを行わせるのである。このクローズド・イノベーションは、社内外の関係を通じてR＆Dを統合しながら行うオープン・イノベーションのパラダイムに取って代わられた（Chesbrough, 2006）。ケイパビリティに基づくアプローチは、第二次世界大戦後のビッグサイエンスに根差したものであり（Hounshell, 1996）、知識創造における源泉としてのR＆D部門への投資と強化が不可欠とされた。

反対に、オープン・イノベーションを新しい考えとし、より社会的なロジックを採用する起業家学派では、イノベーションのルーティン化と制度化がその最適化を台無しにする可能性があることを示している。この学派は、外部の独立した起業家と協力することで知識を創造する草の根的アプローチ、あるいはボトムアップのアプローチを支持する。チェンによると、イノベーションで大切なのは「人」であり、アイデンティティ・ベースのアプローチである（Tzeng, 2009 ,p. 385）。したがって、「プロセス（工程）、ポジション（位置）、パス（経路）」に頼る制度的なアイデンティティ・ベースのアプローチとは対照的で、新たな知識の共創を促進するための組織的アプローチを生み出す上で、会社の介入は最低限でよい。起業学派にとって、知識は社会の変化や傾向から生まれるべきだという立場にあるので、イノベーションは市場に牽引される。知識の民主化そしてイノベーションでは、組織内外の全ての人々からの偽りのない声を重要視している(Von Hippel, 2007)。しかし、そこでは極端なイノベーション・アプローチが好まれていて、その本質として、イノベーションは「現状に逆らう」べきものであるとされている(Kanter, 1983, p.69)。

野中の知識創造企業の概念が属するカルチャー学派では、世代間関係における価値知識の移転を浸透させるために、制度的なアプローチが不可欠だとされている。根底に横たわるビジョンによって、長期にわたり導かれた共通の価値や信念を蓄積するためには、イノベーションを「ディープクラフト(深い職能)」として認識する必要がある。ディープクラフトとは、「時間を通して共有され、それぞれの時代で固有の事情に従って更新され、新たに作り直される」ものである(Graham and Shuldiner, 2001, xiv)。ハイテク・イノベーションは、それ自体がディープクラフトと見なされることが多い(Arthur, 2001)。カルチャー学派にとって、イノベーションの主要な前提条件は情緒的同一化(affective identification)であり、この同一化は、科学的コミュニティーと社会的コミュニティーの境界を超えている。チェンが明瞭に述べているように、「科学的コミュニティーはイノベーションに厳密性を与える一方で、社会的コミュニティーは関連性を忘れさせないために役立っている」(Tzeng, 2009, p.385)。この二元的な焦点は、ケイパビリティ学派の純粋に内部的な焦点とも、起業学派の純粋に外部的な焦点とも、際立った対照をなしている。カルチャー学派は、イノベーションが漸進的なのか急進的なのかという問題について中道のアプローチをとっていて、漸進的イノベーションが急進的イノベーションを起こすために前もって必要な条件であると認識している。

こうして、ケイパビリティ・アプローチと起業アプローチを融合させ、「急進的な漸進：その過程は全体として漸進的だが、最終結果は急進的となり得る」(Tzeng, 2009, p.386) という立場を支持している。オライリーとタッシュマンは、「漸進的な利益を追求しつつも、急進的または破壊的なイノベーションのパイオニアとなりうる」(O'Reilly and Tushman, 2004, p.76) として、「両利きの組織」という用語を作り出した。私とデ・ベスとの共著で指摘している通り、「企業にとって、まずは多数の、より小規模なイノベーションを市場導入せずに、いきなり画期的なイノベーションの市場導入を成功させるのは、不可能ではないにしても、極めて困難」なのである (De Bes and Kotler, 2011, p.4)。もちろん、イノベーションに関する伝統的な学派は排他的ではないので、組織は突発事項や優先事項に合わせて各学派の間をシフトすることが可能で、また、実際にそうしている。

エビデンスは何を示すか

私とデ・ベスとの共著で、「学問としてのイノベーションは、イノベーションを引き起こすという差し迫った必要性を満足させ得る発達段階に達していない」と指摘した（De Bes and Kotler, 2011, p.1）。すなわち、イノベーションが必要なのは誰もが分かっているが、その方法は多くの人にとって、いまだに謎であり続けている。業界の各種調査は、経営層によるイノベーションの理解に関する現在の傾向を分かりやすく示している。実際、『ハーバード・ビジネス・レビュー』誌に掲載されたチェンとグロイスバーグによる最近の調査では、世界中の取締役会メンバー5000人を対象に、取締役会がイノベーションのサポートを十分に行っているか否かを評価したところ、イノベーションが優先されていないという結果が明らかになった（Cheng and Groysberg, 2018）。イノベーションを上位三課題のうちの一つと見なしていたのは、回答者の三分の一未満だった。イノベーションのサポートに向けた取締役会によるプロセスについて聞いたところ、イノベーションの優先順位は（23要素中）18位だった。また、回答者のうち、自らの取締役会によるイノベーションに関するガバナンスやプロセスを「卓越している」または「平均以上である」と評したのは42％だった。

さて、国としてのイノベーション・チャンピオンという観点では、予想通り、中国に猛追されてはいるものの、米国と日本が一貫して「ザ」イノベーション・チャンピオンとして位置している。たとえば「GEグローバル・イノベーション・バロメーター2018」では、20カ国で2090人の企業幹部に対して調査が行われたが、日本は米国に次いで、イノベーション・チャンピオンの座に向けて上昇傾向にある。回答者の21%が、イノベーション発信の手本になる国として日本を挙げている。調査で指摘されているように「日本は（米国に代わる）グローバル・イノベーションのホットスポットとしての地位を確立しつつある」。実際、ラテンアメリカでは企業幹部の33%が日本をイノベーションのグローバル・リーダーと位置づけ、最前列に置いている。ヨーロッパでは企業幹部の22%が米国、そして19%が日本をイノベーション・チャンピオンと見なしている。一方、近年、中国がアフリカに海外直接投資を行い入り込んでいることもあり、アフリカの企業幹部の41%は、中国が新たなイノベーション・チャンピオンであると考えている。

イノベーションの発生地が全体として「西」から「東」にシフトしている点は、イノベーションに関する他の調査でも注目されている。たとえば、保有特許数を基に企業をランク付けする調査「Derwent Top 100 グローバル・イノベーター」では、「グローバル化とインパクト」の項目で、2017年から2018年にかけて「東」の企業が6・7%増加した一方、北米では8・3%減少、欧州では変化なし、という結果が出た。ただし重要な点として、トップ100にランク入りした企業のうち、日本と米国の会社が72%を占めている（日本が33%で、米国が39%）。

ちなみに富士フイルムは、直近6年連続でこのリストに上がっている。Dalroad によるグローバル・イノベーター・トップ100のランキングでは、日本が全体の39%という大きな割合を占めている。また、コーネル大学・INSEAD・WIPO（世界知的所有権機関）による共同マッピング調査の「グローバル・イノベーション指数（Global Innovation Index）2018」によると、東京・横浜が特許で第1位、科学技術に関する出版物で第2位を獲得し、世界トップの科学技術クラスターにランクインした。次章では富士フイルムのソーシャル・イノベーションの一部について詳しく見て行くが、ここでは、『エコノミスト』誌に掲載された「日本の革新」と題された特集記事に注目してみよう。

「日本では、人々の生活をより良くする方法に関するアイデアが、同国の広範囲に及ぶ製造ノウハウを用いて、具体的な製品や用途として生み出されてきた。そして、それらのイノベーションは、数ある中でも、音楽、輸送、モバイル、エレクトロニクス、省エネ照明、そして社会的相互作用に対する人々の概念やその使い方を変化させてきた。日本の堅実なイノベーションは（中略）現代生活の土台として役に立つ（中略）。すなわち、社会が直面する、ますます困難な経済問題や環境問題への対応に役立ち得る種類のものである」。では、なぜ日本はイノベーションのグローバル・リーダーなのだろうか。この質問にはいくつかの異なるレンズを通して答えることができるが、私たちは経営というアプローチをとることにしよう。

イノベーションを目指す日本式経営手法

日本におけるイノベーションの慣行は、欧米諸国と比較して、多くの面でユニークである。後藤晃と小田切宏之は、その決定的な違いを指摘している（Goto and Odagiri, 1993）。米国や英国では、会社の取締役や上級経営者は財務の経験者が多いのに対し、日本では、研究開発やマーケティングそして経営企画部門の出身者が多いという傾向が見られる。技術的な「シーズ」と市場ニーズに比較的「通じている」ことは、「技術が急速に変化する市場では特に有益である」（p.107）。その一つの結果として、日本の労働者はローテーションや配置転換を要求されることが多く、部門間の融合を通じて知識資本が自然と積み上げられていく。日本企業によるイノベーションの取り組みは、そのプロセスが「サイロ的（縦割り）」になることを除いては、主に研究開発部門と他部門との融合に密接に関係している。後藤と小田切は、これこそが、日本の組織が部門間の垣根の低さを特徴とし、知識共有が最初から組み込まれている理由であると指摘した（Odagiri and Goto, 1993）。

一方、世界市場で競争していくため、日本企業は世界の技術開発に占める日本の役割が高まることにつながる「基礎研究」の必要性を重視し、グローバルな視点での研究によって「国際公共財」に貢献することに熱意を注いできた（p.110）。これまでの経緯から、そして最近では日本政府のイノベーションを通じた成長政策にも見られるとおり、日本式経営の一般原則は、日本国民だけでなく世界中の人々の質的な自由を追求する、というこの姿勢に基づいている。

日本の企業文化には、2つの力学が相互に作用している。第一に、従業員の人間としての尊厳が深く尊重されており、資本主義モデルにおける同様の立場にいる従業員と比べて何倍もの権利が与えられている。第二に、日本的システムに基づく富の分配は、労働者の「オーナーシップ」すなわち自らの仕事に対する当事者意識を高めるために、他国に比べて会社の富を共有することが多い。各種審議会での「集中的な情報交換」(Christensen, 2015, p.42) を促す日本の各省庁の役割は、官民での知識交換を進めるのに尽力してきた。このような形で国が進めている高度なイデオロギー共同体主義は産業部門に直接波及し、「双方向的・集団的学習」(p.42) で特徴付けられる「コミュニケーション経済」へとつながっているが、これがつまり「急速な技術変化期における日本の競争優位性」(p.42) の説明となり得る。クリステンセンによると、日本企業の技術経済パラダイムでは、イノベーション方針を策定、開発するにあたって、エンドユーザーと従業員の双方からのフィードバックが取り入れられる度合いが高いようである (Christensen, 2015)。

現在、日本のイノベーションモデルの環境が変化していることを指摘しつつも、ルンドバルは、ユーザーと製造者の関係の文脈において、酒向 (1989) による英国と日本との企業間関係の比較分析を引き合いに出している (Lundval, 2010)。日本式のアプローチは、垂直統合の度合いの低さ、長期にわたる関係、社会的結合、緊密な協力で特徴付けられている。グジャルディンによると、日本式のイノベーション手法は、生産および計画段階で同時進行する「垂直的コミュニケーションと水平的コミュニケーションの組み合わせ」(p.108) に基づくことから、真の「統合モデル」のすべての特徴を備える (Gjerding, 2015)。日本の企業文化が備えるよりオープンなシステム手法を賞賛する複数の学者によって、日本式の利点が列挙されているその一部については前述したが、フォード方式と対照的なカンバン方式では、「問題が発生した際にテイラー式の科学的管理で無効化するのではなく、それらを明らかにすることを目的として、(中略) 製造工程の継続的改善 (カイゼン)」(p.100) を促す。従業員は絶えず自己管理と自己点検を行い、変化をもたらす主体の役割を果たすよう求められる。したがって、進行中の漸進的イノベーション・プロセスに貢献する下地ができていることから、漸進的イノベーションは常に流動性を持ち、また、いつにおいても前進する。大崎は、いくつかの重要な「人間性に関する命題」を掲げ、価値市場は人的資源から派生することと、そこに関わる従業員が、知性と感情を持った人間として完全に個人化されることに哲学を求めている (Osaki, 1988, p.832)。大崎は、労働者と消費者が「コモディティ」として認識され、「原材料、土地、電気、ナット、ボルトのような非人的なインプットとほとんど変わらない」資本主義の「無機質なアプローチ」(Osaki, 1988, p.833) と対照して、経済的人間主義を論じている。

一方、経済的人間主義では、従業員を有機的に捉えている。日本式経営システムを支える柱の大半を特徴付けてきた経済的人間主義は、知性 (マインド) と感情を持つ者として、労働者に人間的本質を帰することに基づいている。欧米諸国の経営科学における人間的経営の必要性も、同じ概念、すなわち人間性、あるいは人間であることの本質（Bain et al., 2014, p.2）を中核としている。このテーマは、古森氏の富士フイルムウエイを説明する際に論じているが、ここで再度取り上げる。なぜなら、日本式経営モデルが人間的経営の浸透した文化と比較するのに適したケーススタディであることに疑う余地がないからだ。資本と経営の分離、地位の平等化、人的価値、有機的チームは、日本式経営システムを定義づける特徴の一部である（Urabe, 1988）。したがって、日本のイノベーションを理解するには、日本式経営システムの人間的アプローチに根付いた基礎を理解することが重要である。パスカルとエイソスが共著『ジャパニーズ・マネジメント』の中で結論づけているように、「欧米諸国の組織関係の最大の弱点は、どうすれば上司と部下の関係がうまくいくのかについて本気で取り組んでいないことである」（Pasquale and Athos, 1981）。

ハトバナイとプシックは、人間としてのニーズと生産性とのバランスをとるという「概念」は欧米諸国で決して新しいものではないが、「日本では、その考え方を、成功した現実に置き換える必要があった」と指摘することで解説を結んでいる（Hatvanay and Pucik, 1981, p.21）。

大崎は、「人的なインプットが以前と同様またはそれ以上に重要になっている時代に、資本志向に固執し続けている」ことを理由に、「人間的企業システムの観点から見ると、資本主義は不合理なシステムである」と主張し、日本式経営の優秀さについて強調している（Osaki, 1988）。

日本式経営システムは、主に管理職と一般社員による、より公平な会社の富の共有によって特徴づけられる。たとえば、労働者間の貧富の格差が大きい資本主義とは異なり、日本の取締役と現場労働者との格差は比較的小さい。日本企業における経営陣と労働者との間には、「不信感と対立」という資本主義モデルの雰囲気はさほど多くは見られない。

結論として、イノベーションの地勢は、まだ開発の余地がある。イノベーション科学の豊かさとそのマッピングは、最終的にはイノベーションに関する異文化間の知識の融合を通じてのみ実現するだろうと私は考えている。世界は実に多様だ。我々のモデルでは主に欧米諸国と日本のイノベーション科学の融合を検討しているが、富士フイルムは、グローバルな人間主義およびソサイエタル・マーケティングのベンチマーク的事例を示しているとも考えられる。そしてさらに、我々のモデルは同社のイノベーション文化の管理と結びついているとも考えている。イノベーションに関するその他の無数の異文化間の知識科学の融合についても、本書のケーススタディ事例と共に考察していくことができる。

イノベーションの地勢をマッピングすることは、他のあらゆる社会科学分野の地勢マッピングと同じであり、最終的には人類の持続可能性と繁栄に結び付かなければならない。マッピングの試みが文明の協調へと結び付かない場合、全人類に便益をもたらすべく、マッピングの試みは繰り返されるべきである。

CHAPTER 5

Toward Humanistic Approach for Generating Social Innovation

社会的イノベーションを創出する人間主義的アプローチ

――フィリップ・コトラー

私たちがしていることと私たちができることに違いがあればこそ、世界の問題の大半は解決できる。
——マハトマ・ガンジー

第4章では、イノベーション研究および政策が社会的イノベーションへと向かいつつあること、世界のあらゆる分野で前例のない「波乱の時代」に直面していること、さらに企業には責任ある経営の実践が期待されていることを導き出した。企業は、人類が直面する「大きな課題」を解決するために、新しい知識を蓄積していく必要がある。富士フイルムによる自社のブランディング・キャンペーン「Never Stop」は、社会的イノベーションへのコミットメントこそが未来に向けての鍵となるビジョンであるという点を強調している。

本章ではまず、人間主義的経営の概念および理念の理論的背景について述べる。その後、人間主義的イノベーションへの新たなアプローチ、特に富士フイルムのアプローチの成功に関して論じていきたい。具体的には、ヘンリー・チェスブロウによるオープンイノベーション・パラダイム（西洋では主要なイノベーション・パラダイム）と野中郁次郎による知識創造企業の概念（主として、日本の知識共創のマネジメントがイノベーションに結び付けられる中で生まれた）の有用性について考察する。両者のパラダイムはどちらも密接に絡み合っており、チェスブロウのパラダイムは野中の研究に触発されたものである。しかし、両者には微妙な違いが存在する。本章の結論部分では、医用画像部門における富士フイルムの社会的イノベーションの軌跡に注目して、理論と実践との架け橋を試みる。その際、時とともに進化してきた「Never Stop」の理念と、古森氏が展開した「第二の創業」において見られたダイナミズムとスピード感について取り上げる。

人間主義的経営

人間主義的経営には豊かな歴史があり、それは文化的境界を超えるものである。世界のほとんどの伝統は、人間主義的なイデオロギーを示している。これらの伝統については詳細に語らないが、人間主義的経営というものが普遍的なところから派生しているということを読者に理解してもらいたい。ここでは、人間主義的経営の概要について大まかに説明したあと、人間主義的イノベーションについて論述する。というのも、人間主義的経営は人間主義的イノベーションの基盤となるからである。人間主義的経営を実現するには、相互に関連し合っている3つの側面が重要となる（Von Kimakowitz et al., 2011）。

まず一つ目は、人々の「対人コミュニケーション基盤」としての「尊厳に対する無条件の敬意」である（前掲書、p.5）。ここで言われている「尊厳」は、全てのステークホルダーに関わっているが、特に社内と社外の支持者、すなわち企業の主要なステークホルダーである顧客と従業員に関係している。富士フイルムが社内に展開した「富士フイルムウエイ」は、「ゲームチェンジャー」の事例として第3章で解説した。従業員に尊厳と自尊心を与え、富士フイルムが理想とするFFパーソンとその仕事の進め方であるSTPDサイクルによって、外部市場にとっての価値を引き出すことに繋げていく。二つ目は、企業活動の基盤としての倫理的考察である。すなわち、倫理的観点から既存の価値ポートフォリオを再評価する。医療用画像や再生医療など、成長分野における既存技術の応用を再検討することにより、富士フイルムが考える人間主義的な将来ビジョンを裏付けることができる。ここからさらに拡大して、三つ目は、全社レベルに倫理的考察を建設的に進展させ、あるいは人間主義的目標をターゲットにした企業理念と価値観を包括的に再構築することの必要性である。すなわち、人間主義的イノベーションに向けた変革が求められる。この富士フイルムの全社的な変革プロセスは、現在の「Never Stop」キャンペーンおよび「Sustainable Value Plan 2030」に反映されており、社会課題の解決に焦点を当てている。人間主義的経営の3つの中核的な柱を統合することで、人間の繁栄につながるイノベーションを発生させ、それによって社会的価値を創造していく。すなわち人間主義的な目標に向けて、企業全体に変革を引き起こすのである。

リチャード・ヴァレイとマイケル・ピルソンは、人間主義的経営ネットワークの基本的な目的を引用し、その存在価値について「人間の尊厳と幸福を尊重する経済システムの発展」と説明している（Varey and Pirson, 2013）。人間主義の研究者は、西洋の伝統的な資本主義モデルで支持されている自由をネガティブにとらえることには特に批判的である。「多ければ多いほど良い」という根本原理とその傍論であるホモ・エコノミクス（自己の経済利益を極大化させることを唯一の行動基準とする人間の類型）は資本主義モデルの基盤となっており、人間がまず持っている不可侵の権利を無視することで、人間を道具として利用するものである（Pirson, 2017; Sen, 1999）。人間的な温かみのない性質によって特徴づけられる経済至上主義は、「地域コミュニティ、市場、サービス、雇用関係におけるステークホルダー、さらにはモラルや社会的活動における人間性を奪い」、その代わりに人間を「道徳観をないがしろにし、無慈悲に利己的な喜びを追い求める人々」として見なしていく（Calvard and Hine, 2014, p.16）。異なる世界観や課題を排除したり、経済至上主義を世界で全体化したりすることで、リベラリズムの普遍化を犠牲にして、文化的に生み出された代替案の可能性を無視することになる（Gray, 2006）。

最も鋭い批判を寄せたのは、近代資本主義の進化が大西洋横断奴隷貿易による利益へと発展したことを記録した歴史家であった（Beckert and Rockman, 2016; Inikori, 1987; Johnson, 2010 を参照）。すなわち、黒人奴隷の「商品化」は、西洋の経済覇権を再構築するきっかけとなったのである（Beckles, 2013）。批評家が資本主義について吟味し、人間主義的であることの必要性を叫んだことは特に不思議なことではない。したがって、人間主義的な議論や資本主義に取って代わるような世界観が、「もう一つの世界観の始まり」を一新させ（Calvard and Hine, 2014, p.19）、

「持続可能な開発、貧困の縮小の保証、より民主的な形態のガバナンスの確立、多様だが重なり合う文化的ルーツの包括的ビジョンの推進、道徳的な生活への切望の気持ちの育成」とより強く共鳴するのである（前掲書、p.19）。

資本主義的思想様式の根底部分と人間主義的経営との間に、全く関係性がなかったと言っているわけではない。また、全ての資本主義的慣行の包括的な評価を想定しているわけでもない。事実、アダム・スミスの国富論の「倫理第一」において、社会的一体性と均衡の要諦として、市場取引における共感（あるいはスミス理論における「同感」）が中心にあるということが強調されている。ディアクスマイアーが考察しているように、企業という視点から見ると、これは「理にかなった自己利益は、他者への配慮の気持ちを持つことによってのみ、その目的を達成できる」ということを意味していた（Dierksmeier, 2016, p.55）。実際、スミスの研究では、個人の道徳性を強調し、共同体の慈善と善行が企業の中心倫理を形成するよう共感を中心に据えており、公共の社会福祉を守るために法的構造および統治構造を必要とするものであった。同様に、カントの公開性の原理では、「全てのステークホルダーとの関わりを原則的に公開する基本的なルール」としている（Kimakowitz et al., 2011, p.14）。

人間主義的経営ネットワークは、まさに人間主義を近年の経営に組み込む必要性を認識している研究者たちの学術ベースのネットワークである。人間主義的経営の研究のレパートリーは豊富にあり、それと同時に人間主義的経営の事例研究もいくつか出てきている。キマコウィッツら

（2011）は、「世界の企業活動の大部分は、倫理的に正当と認められるところに沿って行われているという理解」（p.2）が重要であるという点を再認識させてくれる。キマコウィッツらの「人間主義的経営の実践」に関する示唆に富む事例研究では、「優れたビジネスリーダーや起業家は、人類に多大な恩恵をもたらす開発において指揮を執っていた」ことを実証している。つまり本章では、富士フイルムも、人間主義的経営を行った典型的事例の一つであるということを示していく。社会的要求に応じるために企業理念を適合させることもできるが、やはり論より証拠である。社会的イノベーションに関する年次報告書で、企業は何を示していけば良いか。富士フイルムの取り組みについて見てみる前に、人間主義的イノベーションが成功するために必要なものについて概説する。

社会的イノベーション共創のための人間主義的アプローチ

新しい人間主義的経営科学として、人間主義的リーダーシップ、人間主義的マーケティング、そして最近では人間主義的イノベーションがある。この3つはどれも、富士フイルムの取り組みに存在する理念を理解する上で役立つ。人間主義的マーケティング同様、人間主義的リーダーシップについては次章で詳しく説明する。本章では、人間主義的イノベーションという急成長している領域にフォーカスしたいと思う。人間主義的イノベーションは、21世紀において企業が取り得る唯一の実行可能な選択肢であると私は考えている。第9章のフレームワークでは、人間主義的リーダーシップ、人間主義的イノベーション、人間主義的マーケティングの組み合わせについて論じる。ここでは、野中の知識創造企業のパラダイムについて紹介し、このパラダイムがイノベーションを引き起こす組織文化を経営構造内で作り出すための土壌を提供するということを示す。そうすることで、チェスブロウによるオープンイノベーション・パラダイムが、最初の段階から容易に実行できる。これらパラダイムは、人間主義的であるか否かに関わらず、あらゆる様式のイノベーションに適している。しかし、人間主義的考えが融合し、変化を起こすことで強力な文化主体となり、「他者」の考えを前もって組織的に整理することができる。古森氏の「ビジネス五体論」もこのようなアプローチの一つである。古森氏の理論によると、特に企業が危機的な状況に直面しているとき、企業の枠を超えた関係性志向を醸成し、社内の従業員たちは必要な知識ベースのダイナミック・ケイパビリティを発揮できるようになる。

野中の知識創造企業という考え方は、知識の共創プロセスを段階的かつ革新的なイノベーションに必須なものとして位置づけることで、画一化されたイノベーションから、「人間中心」あるいは人間主義的アプローチのイノベーションへとシフトしたことを示すものであった(1991)。野中の研究は当初から人間中心的であり、「対話と実践による人間同士の関わり」という継続的なプロセスに基づく知識の共創に重点が置かれている(Nonaka, Toyama, and Hirata, 2010)。野中が述べているように(2011a, p.xix)、「企業に対する自分の見方は人間中心的」であり、「個人と知識、そして個人と企業を、環境と切り離して考えることはない」という。人間主義的経営の推進者である野中は、人間の心というものを、本質的な企業の基盤として位置づけ、組織からは独立した存在でありながら組織と共存関係にある、ダイナミックなシステムあるいは生体として認識している。人間の創造性の解放という概念は、野中によるナレッジ・マネジメント学派の中核をなすものである。

私にとって、野中の研究の中で一番大きな貢献は、どこからどのようにしてボーダーレスな共感が生まれてくるのかについて整理した点である。野中はそれを「場」の概念と名づけている。野中と紺野は、「場」を「関係を生み出すための共有空間」と定義している（Nonaka and Konno, 1998, p.40）。他者または全体における自身の集合的認識が実現されるという超越的な視点を与えることで、「場」は通常の人間の交流とは異なる。この「場」における集合的アイデンティティの構築は、個人からチームへ、チームから組織へ、組織から市場環境の「場」へと累積的に行われ、そうすることでチェスブロウのオープンイノベーションのアプローチが可能になったり、あるいは促進されたりする（2006）。「場」は知識創造のために共有しているコンテキストのことを意味し、種々の知識の相互交換のモチベーションとなり、よって、情報が解釈され知識へと変換される場所として考えることができる。

野中ら（2000）が再認識させてくれるのは、「場」は物理的空間として理解されるべきものではなく、むしろ絶え間なく変化し続ける性質を有したものであり、新しい「場」を作り続けるために、境界内の参加者たちが知識の相互作用を分かち合いながらも、他の境界に門戸を開いた状態でいる「時空間結合体」として理解されるべきである。したがって、「場」では参加者が時間と空間を共有するとともに、同時に時間と空間を変容できる。「場」は知識創造のプラットフォームの基盤を提供するのである。

野中ら（2000）は、特に「場」を「実践のコミュニティ」と混同しないように気を付けている。というのも、「実践のコミュニティ」のメンバーはコミュニティ内に組み込まれた知識を習得しているのに対して、「場」は新しい知識の創造を強調している。「一貫性と継続性」に特徴づけられる「実践のコミュニティ」とは対照的に、「場」は流動的であり、常に動き、変化しており、この流れはミクロレベルとマクロレベルの間の相互作用として機能することもある。ここで重要なのは、「自分自身の存在の境界を超えたところに手を伸ばす」あるいは「自分自身と他者、内と外、過去と現在の境界を超えて手を伸ばす」ために求められる自己超越は、労働者が「彼らの同僚や顧客」と共感する社会化プロセスを必要とするということを理解することだ。結局、労働者の自己超越は、「労働者の意図とアイデアが融合し、そして他のメンバーの世界と一体化される」ような場合に生じるのである。

富士フイルム常務執行役員の柳原直人氏は、このプロセスを実践するにあたって、以下のように説明している。

「富士フイルムの先進研究所は、それまで当社のコア事業であった写真フィルムの需要が激減し、企業として存亡の危機に直面する中、富士フイルムの将来の布石として開設された。全社的な構造改革を行っている中で、R&Dに投資するという経営の判断のもと、社内の広範な分野で高い専門性を持つ技術者が一堂に会し、分野横断で先端研究を行う場だ。先進研究所の設計は、「開かれた環境」を基盤にしている。それまで、どちらかというと閉じられた環境で行われていた研究を、明るく開放的で、知恵の融合を促進するスペースを多く有する環境で行う。壁のないオープンな居室、ガラス張りの会議室、仕切りのないミーティングスペース、そしてカフェが併設されコミュニケーションを促進する図書館など、開かれた環境の中、オープンマインドでお互いの専門性を尊重し、議論を戦わせることができる。そして、個々人の持つバイアスから解放されて柔軟な発想が生まれる。これらのアイデアは、さまざまな技術者の知識や思考を融合させるという経営判断のもと、現場の研究者の発案が採用された。先進研究所の設立は、経営戦略に合致し、同時に、研究者に進むべき方向性を明確に示し、一人ひとりが自ら新規事業を創っていくという意識、変わることに対する意識を広げた点でも大きな意味を持った」

野中ら(2000)は、西洋の企業経営についての考え方が、「知識創造のダイナミクスを捉える」ことができない「情報処理機」のようだと批判している(p.6)。そして、伝統的に知識を明示的なものとみなしてきた「西洋的認識論」とは異なり、日本企業の知識創造力は「暗黙知あるいは形式知のみではなく、両者の相互作用」によって決まる、ということを認識することで理解ができるとしている（p.8）。ここで形式知と暗黙知の違いについて説明しよう。知識は明示的に表現できるが、言外／暗黙的に示すこともできる。形式知とは客観的なものであり、知識そのものの蓄積、伝達、理解が可能である。それとは対照的に、暗黙知とは「直感的で繋がりのない」（Lam, 2000, p.490）もので、「実地訓練」で獲得される。それゆえ、情報そのものだけでは明確に伝えることができない。ラムは暗黙知について、「行動志向であり、形式化したり明確に言葉にしたりすることが難しい個人の資質を有する」と詳述している。その結果、「密接な相互関係と共有された理解や信頼の構築」が必要とされるのである。

実際には両方のタイプの知識は相互作用し合う。野中と竹内（1995）は、このダイナミックな相互作用が新しい知識を生み出すのであると述べている。知識創造企業に対するこうした捉え方は、一般的に組織的知識創造を強力に後押しする説明の一つとして受け入れられている。暗黙知と形式知の相互交流、相互作用、そして再評価は、技術イノベーションと組織的学習を促進する上で、なくてはならないものであると考えられている。富士フイルムでは、このような知識創造のプロセスを「融知」と呼んでいる。柳原氏は先進研究所について次のように説明している。

「新しい知識創造に「化学反応」を与え、研究開発と交流の両方を行うことができる共同空間である。この空間は、創造性をかきたてる設計となっている。知的な賑わいの中で、他部門や顧客など他者との交流を通じ、心のうちを他者に表現し、相互に理解し合うことで、創造性のあるイノベーションが促進される」

第3章で述べたように、野中（2016）は、「ダイナミック・ケイパビリティ」の典型例として富士フイルムを挙げている。富士フイルムでは、チームレベルの統合力とリーダーシップの分散が組み合わさり、ダイナミックな創造力の源泉となっている。これは、「ミドル・アップダウン型経営」の理念を強調したものであり、経営者層のビジョンとそのビジョンを現場のスタッフが実現するうえで、中間管理職が大きな責任と権限を持つという企業を特徴づけるものである。野中ら（2000）の研究の要諦は、「場」の門番としての中間管理職の重要性であり、伝統的に日本の知識創造企業は、「ミドル・アップダウン型経営」という分散型リーダーシップを好む傾向にある。経営者層のリーダーシップには、「場」を創造し活性化させるために知識に対するビジョンを提供し、知識創造の継続的スパイラルが生じるようにするという役割がある。中間管理職にとっての戦略的コミュニティと「場」の役割とは、暗黙知と形式知が相互作用や相互交流を引き起こすことである。つまり、知識に対するビジョンに従って、新しい知識を生み出すことである。そうなると、企業のリーダーにとってのタスクは、割り当てられた「場」に参加し、共に進化発展していこうとしている労働者たちに居心地の良い場所を与えるということになる。このようにして、知識創造者は「自律性、創造的カオス、冗長性、必要な多様性、愛、信頼、深い関与などの必要条件」を備えるようになる（p.25）。例えば信頼は、インプット、調整、アウトプットの役割を果たす。このような知識資産とは、経験を通じた学習のような暗黙知（スキル、ノウハウ、愛、信頼、共感など）あるいは日常的な行動（運用習慣や文化）、あるいは概念のような明示的資産（ブランド資産または製品設計）、または体系的知識（特許、ライセンス、データベースなど）にまで及んでいる。

柳原氏は付け加えている。

「従業員をただ一つ屋根の下に集めて、新しい知識が勝手に生まれるようなブレインストーミングや、イノベーティブな思考プロセスというミラクルが自動的に起こることを期待するのは間違っている。そうではなく、「ビジネス五体論」の前提とは、従業員が自己を省みることで内的な成長を求め、その従業員たちの成長をチームさらには組織レベルで支えていくことにある。先進研究所では、開かれた環境の中で異なる分野の研究者同士が相互理解を深め、アイデンティティを形成する。その結果、従業員が共感的志向になり、あるいは共感的志向に対して「オープン」な状態になり、「場」の概念の構築が進む」

このようなナレッジ・マネジメント構造の構築は、イノベーションの源泉であるR&D部門の伝統的な役割を分散化しようとする「オープンイノベーション」(Chesbrough, 2003)の推進に重要な役割を果たしている。オープンイノベーションは21世紀に必要なパラダイムであり、イノベーションの出発点が必ずしも「社内」の専門知識にあるわけではないということを理解するためにも、企業の枠を超えてイノベーションを拡大する必要がある。オープンイノベーション・パラダイムには明らかにメリットがあるが、このパラダイムにどのように人間主義を織り込んでいくかという点で議論が起きつつある。例えば、従業員の人間性を尊重せずに、オープンイノベーション・ラボを持つことは、古典的なジレンマ状態に陥っている。社内に蓄積された知識の活用について、従業員に意識づけを行うことなく、ただ企業の境界を外部の知識源に対してオープンにするだけでは十分といえない。これはオープンイノベーション・パラダイム「のみ」ではうまくいかないという意味ではなく、価値創造のために野中とチェスブロウのパラダイムを融合することを提案している。

野中のパラダイムが裏で準備を進める一方、チェスブロウのオープンイノベーションは舞台で演じる。イノベーションに関する2つの偉大なパラダイムが、富士フイルムではバランスを取り合っているのだ。実際、野中ら(2013)が証明しているように、富士フイルムの従業員は「社内社外いずれにおいても探索的な「場」を形成する共同の取組み(p.8)」、すなわち、人間主義的なオープンイノベーションを実践したのである。

理論の実践

富士フイルムによる知識形成のケイパビリティを認識するだけでなく、同社が日本におけるオープンイノベーション改革のパイオニアの1社であることも理解しておくべきである。富士フイルムはM&Aも積極的に行い、2008年には富山化学（現在の富士フイルム富山化学）、2015年にはCellular Dynamics International（現在のFUJIFILM Cellular Dynamics, Inc.、以下FCDI）を買収している。富山化学は感染症分野における日本有数の製薬会社であり、FCDIはiPS細胞の開発と製造におけるリーディングカンパニーであったため、新たな事業領域での競争力の源となった。

富士フイルムはグローバルな「オープンイノベーション・ハブ」を東京、オランダ・ティルバーグおよびアメリカ・シリコンバレー、さらに「サテライト」拠点をイスタンブール、バルセロナ、ロンドンおよび上海の4か所に有している。2014年1月の開設以降、東京、ティルバーグ、シリコンバレーの3拠点を合わせて、約3400社、1万7000名がオープンイノベーション・ハブを訪れている（2020年8月末現在）。柳原氏は富士フイルムのオープンイノベーションへのアプローチを次のように説明している：

「我々にとってのオープンイノベーションとは、我々のシーズと未知のニーズとを開かれた環境で組み合わせるということである。我々のアプローチの鍵となるのは、外部から得られる強みと、当社自身の強みの掛け合わせである。我々が単独でできることはたくさんある。ただしパートナーと組めばできることはもっと増える。すなわち我々は、特に社内では専門知識を有していない領域においてビジネスを最大化するためのコラボレーションに力を尽くしてきたのである。お互いの強みを認識しつつ、お互いを尊敬し合うことが当社のアプローチのポイントである」

富士フイルムのオープンイノベーション・ハブや先進研究所には、実際の製品と技術の活用事例を顧客に見てもらう「タッチゾーン」が設けられている。ここでは、研究員が顧客にとっての「価値の本質」を理解し、ブレインストーミングを行うことができる。

「Human Intelligence（ＨＩ：人々の英知）」のコンセプトも、富士フイルムのオープンイノベーションで重要視されている。人間の叡知を人工知能（ＡＩ）と融合させることにより、「未来のＡＩ技術による社会課題の解決」を目指すものだ。これについては後述するが、「ＨＩ＋ＡＩ」というコンセプトは人間主義的な気質を示すものであり、ＨＩと連携することなく、ＡＩ単独では社会課題を解決することはできないという考えを世界に再認識させている。特に、ＨＩの概念自体がイノベーションへの取り組みの人間主義的形態であり、これについてチーフ・テクニカル・オフィサーである岩嵜孝志氏が次のように述べている。

「HI論理の中心には人知があり、人の心がなくてはデータや情報から何かを読み解くことはできない。人間が培った知恵や経験があって初めて、我々は社会課題の解決においてAIをどう活用できるか、見極めることができるのである」

富士フイルムが作り出した革新的モデルに由来する社会的イノベーションのケーススタディとして、富士フイルムのメディカルシステム事業の取り組みについて紹介しよう。実際、富士フイルムは創業後間もない1936年から医用画像による社会的イノベーションを続けており、X線フィルム開発のパイオニアであった。1971年には、内視鏡の販売を開始し、1983年には世界初のデジタルX線画像診断システムであるFCR（Fuji Computed Radiography）を発売した。これは、世界における今日のX線画像診断システム・ソリューションの事実上の標準であり、医用X線診断画像をデジタル化する世界初のデバイスである。そして富士フイルムは、現在でも世界市場で最大のシェアを保持している。人工衛星から地球を撮影したNASAの画像が、デジタル処理により鮮やかに生まれ変わり、世を驚かせていたことをヒントに、富士フイルムはデジタルX線画像診断技術の開発に取り組んだ。高解像度な画像を生成できるよう、1000種以上の蛍光体の中から、画像センサーであるイメージングプレートで使用する理想的な蛍光体を特定することが富士フイルムの技術者たちの課題であった。
専務執行役員メディカルシステム事業部長の後藤禎一氏は、次のように説明している。

「『FCR』登場以前のX線検査は、人体を透過したX線情報をフィルムに感光させ、アナログのレントゲン写真を描出するというもの。X線が多く透過した部分は黒く、透過しにくい部分は白く写ることで、人体内部の画像が得られるが、撮影する部位や受診者の体形によって望ましい撮影条件が異なり、できあがりの画質は診療放射線技師の技術や経験に左右されやすいという問題を抱えていた。X線画像をデジタルで撮影・保存・送信できれば、診断の効率化に向けて大きな貢献となるほか、さまざまな場面で大きな価値を実現できると考え、デジタルX線画像診断装置の開発に懸命に取り組んだ」

そして、いくつもの実験を繰り返し、X線情報を高感度でとらえ、なおかつ高速・高密度に情報を取り出せるイメージングプレート(IP)というデバイスを開発した。X線情報を光エネルギーとして記録し、再び情報を読み出すことができるという特性を持つ、最適な輝尽性蛍光体を見つけ出し、素材として用いたことがブレークスルーとなった。
「FCRは、1981年に国際放射線医学会議で発表され、世界中の医師の間にセンセーションを巻き起こした。そして、それは医療現場に新たな価値をもたらす社会的イノベーションになった」と後藤氏は続けた。

富士フイルムのFCRは、1983年の発売以来、X線画像診断装置の世界市場におけるスタンダードとなり、患者が受けるX線量を低減でき豊富な診断画像情報を提供できることもあって、X線画像診断に革命をもたらした。これは段階的なイノベーションではなく、医学における真に破壊的技術だった。撮影画像をFCRより迅速に表示できるDR（Digital Radiography）方式のCALNEOシリーズは、初期製品の設計以降、X線診断のレベルアップに貢献し続けている。現在、富士フイルムは多数の医用画像診断装置を展開しており、それぞれ独自の競争優位性を備えている。X線変換効率が向上し、低線量で高画質なX線撮影が可能になる独自のX線照射方式（ISS：Irradiation Side Sampling）や散乱X線による画像のノイズを自動抽出し、分離することで画像のコントラストを引き上げる「Virtual Grid」技術などがある。また、1999年に登場した、病院のサーバーにデジタル画像を保存し、検索、閲覧することを可能にする、医用画像情報システム（PACS）「SYNAPSE」は、現在、世界中の医療施設に導入されており、PACS市場におけるリーダーとなっている。

富士フイルムは、マンモグラフィ、内視鏡システム、超音波診断、体外診断、そして動物用診断を展開するグローバル企業として知られている。

内視鏡システムについては、口から入れるときに比べて嘔吐感が少なく患者の苦痛を軽減した、鼻から入れる「経鼻内視鏡」をはじめ、小腸全域を観察できる「ダブルバルーン内視鏡」など、さまざまな製品を広く提供している。２０１２年には、波長の異なる2種類の光を用いた特殊光観察で、臓器の粘膜表層の微細な血管や構造などを強調して表示する機能や、画像の赤色領域のわずかな色の違いを強調する機能などの画像強調機能を用いて、炎症の診断や、微小な病変の発見をサポートする内視鏡システムも提供を開始した。特に、早期がんに特徴的な粘膜表層の微細血管などの変化の観察では、医療機関から高い評価を得ている。画像診断システムに限らず、内視鏡など富士フイルムの全ての医療機器が、まさに画像に関する知識と材料や光学の「ノウハウ」を融合したものである。

富士フイルムは、インフルエンザなどの感染症を迅速に検査する体外診断装置に写真現像プロセスで用いられる銀増幅技術を応用した。人と動物用の自動臨床分析装置「富士ドライケム（ＦＵＪＩ－ＤＲＩ－ＣＨＥＭ）」は、生物工学、機能性ポリマー、そして創業時からの得意分野であるイメージングの知識を融合したものである。

後藤氏は、富士フイルムが医療分野におけるイノベーション製品を開発した動機を次のように説明している。

「富士フイルムのこの医療イノベーション精神を駆り立てているのは何か、と疑問に思うかもしれない。その一つは、「第４次産業革命」の破壊的技術やデジタル時代の医用画像診断において、当社の画像処理に関する知見や技術が大いに活かせると考えたからであ

図表5.1　予防、早期診断、早期治療による医療費抑制イメージ（経済産業省2018年）

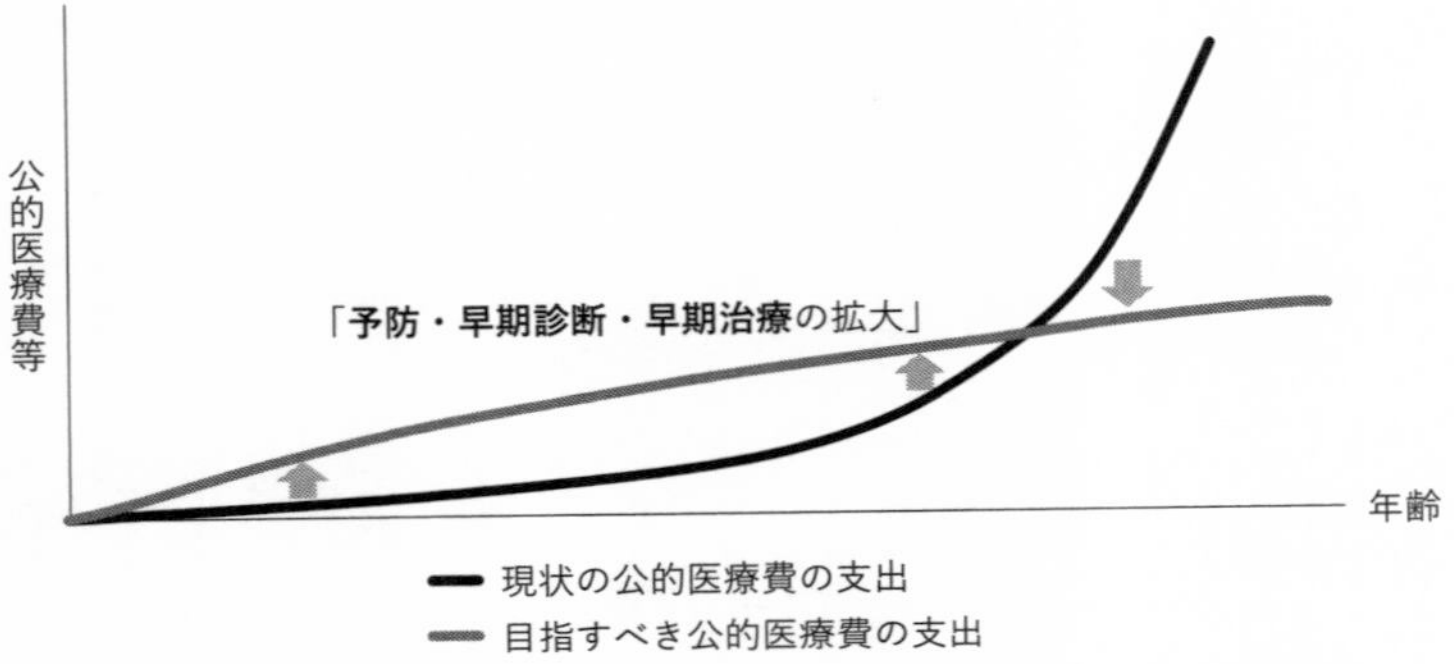

出所：経済産業省

る。もう一つは、我々は世界の医療、そして社会に大きな変革をもたらすことを目指していること。当社の技術を活用して人々や社会に新たな価値を生み出すことは、当社の企業理念である」

実際、同社の企業理念は、特に日本のような高齢化社会で意義がある。高齢化が進む日本社会では、予防や疾病の早期診断により、健康寿命を延ばすことが注目されている。富士フイルムが、予防と疾病の早期診断に注力するのは、このためだ。さらに、高齢化は国の医療費増加と直接関係している。**図表5・1**は、予防、早期診断、早期治療を重視することによる医療費の削減効果を表している。

医療分野において、富士フイルムが社会的イノベーションの展望を描くにあたり欠かせないのは、ＡＩ技術の活用に関する国の枠組みや指針である。後藤氏は次のように続ける。

「超高齢化社会に向けて医療政策を含めた準備が進められており、AI技術を積極的に活用していくという動きがある。医療画像診断分野では、AI技術を活用することで、フィルムからデジタルカメラ、携帯電話からスマートフォンへの転換のように、他の画像診断分野より早くパラダイムシフトが起こるだろう」

富士フイルムは2019年、PACS上で医師の診断ワークフローを支援する、ディープラーニング技術を活用したAIプラットフォームを導入した。そして、医療の領域で活用できるAI技術を「REiLI」というブランドで展開している。精度の高いAI技術の開発には、学習させる画像の量ではなく質が重要になる。鮮明で良質な画像を提供してきた富士フイルムが新たなAI技術を開発することで、医療の可能性を高めてどのようなイノベーションを起こそうとしているかを紹介しよう。胸部X線画像を用いた「REiLI」のプロトタイプでの社内実験において、鮮明な撮影画像を2万症例学習させた場合、感度（陽性を陽性と判定する割合）は94・9%、特異度（陰性を陰性と判定する割合）は87・5%だった。一方、不鮮明な画像21万症例を学習させた場合、感度は94・9%だったが、特異度が20%と、健常者の8割を異常と判定してしまう結果になった（**図表5・2**）。

医療分野におけるAI技術の開発において、富士フイルムは自社開発に加えて、社外とのパー

図表5.2　学習データの質がもたらすAIの検出精度比較
（2018年4月富士フイルム調べ）

■ AIの検出精度向上には、「データの質や学習方法」が重要
学習データ数が多くても、データの質が伴わなければAIの精度は上がらない

画像の質	不鮮明な画像例 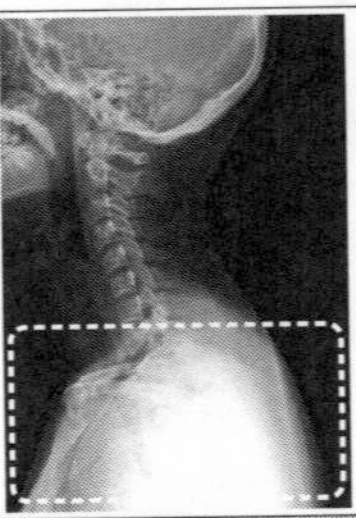	鮮明な画像例 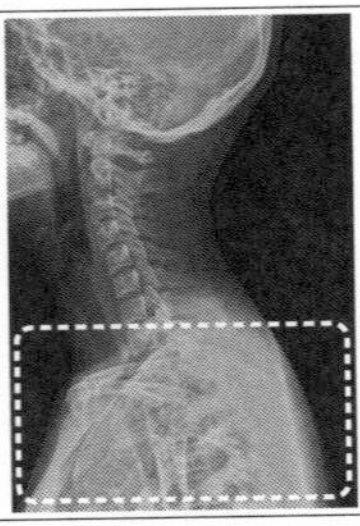
学習データ数	21万症例	2万症例
感度	94.9%	94.9%
特異度	20%	87.5%

※富士フイルムの社内評価用X線画像データを用いてAIの検出精度を比較
感度：陽性を陽性と判定する割合、特異度：陰性を陰性と判定する割合

AIが安定的に学習するには「量」だけでなく「質」も重要

トナーシップを推進している。これらのパートナーには、インディアナ大学医学部をはじめ、世界の大手医療機関、研究所、ＡＩベンチャー、そして大手企業が含まれる。富士フイルムは、完全に新しい多角的なイノベーションを生み出しており、そうした中には、サイエンスに裏付けられた化粧品として高く評価されている「アスタリフト」もある。

　この会社が、かつてコダックと競合していたと聞くと不思議に思うだろう。富士フイルムの技術を使えば、他社にはできない製品を作れるのだ。第1章で指摘したとおり、他の新しい戦略的成長分野へ多角的に応用できるのは、長年にわたるアナログ写真フィル

ムの開発と製造を通じて培った技術力があってこそである。アスタリフトを例にとってみよう。

実は、化粧品と写真フィルムには多くの共通点がある。第一に、人間の皮膚の70％はコラーゲンでできており、コラーゲンから作られるゼラチンは写真フィルムの主要成分である。従来の技術力をまったく違う分野に応用しながら、人間の皮膚の科学を扱う企業になったのだ。第二に、皮膚と写真の劣化につながる酸化というプロセスがある。富士フイルムは抗酸化に関連する4000種類の化合物を蓄積するなど、写真の劣化を防ぐ抗酸化技術や知見を有しており、それが化粧品の開発に応用された。アスタリフトは、天然の藻から抽出される抗酸化成分であるアスタキサンチンと、種類とサイズの異なるコラーゲンをブレンドしている。第三に、富士フイルムは、ナノ分散に関する技術を持っている。これは、色の三原色であるイエロー、マゼンタ、シアンに反応する異なる有機化合物を微粒子化し、写真フィルム内のゼラチンに分散する過程で不可欠であった。アナログフィルムの機能層コーティングは約20ミクロンであり、人の皮膚の角層と同じ厚みであることに注目してほしい。アスタキサンチンは油溶性であり水に溶けにくいため、皮膚に浸透させる化粧水には向かない。しかし富士フイルムは、独自のナノ技術を使用して、安定的に微粒子化し、人間の皮膚に浸透しやすくした。富士フイルムならではの発想と技術から生まれたイノベーションといえる。

2007年に発売されたアスタリフトは日本市場に浸透し、富士フイルムの多角的なポートフォリオとミッションを周知させるシンボル的な役割も担った。同社の化粧品におけるイノベーション例をもう一つ紹介しよう。富士フイルムは2011年、化粧品用途の紫外線吸収剤として、従来、充分に防ぐことのできなかった長波側UVA（370〜400nm）「ディープ紫外線」を90％以上カットする紫外線防御剤「D－UVガード」を世界で初めて開発した。これまでの紫外線防御剤は、紫外線吸収剤と紫外線をはね返す散乱剤を混ぜ合わせて作られているが、新開発の「D－UVガード」では、紫外線吸収剤と散乱剤をハイブリッド化することにより、ディープ紫外線を90％以上カットすることが可能になった。また富士フイルムは、独自の画像解析技術によって、世界で初めて、このディープ紫外線の可視化にも成功している。

富士フイルムのCTOである岩嵜氏はこう説明する。

「写真では、人間の目で見たままを忠実に再現することが求められているように思われがちだが、撮影者の記憶の中には、実際よりも鮮やかで美しい色がインプットされており、その〝記憶色〟を表現することが求められている。特に、人間の肌の明るさや透明感を美しく表現できるように、写真フィルムでは実際の肌よりもやや明るく再現するよう発色を細やかにコントロールしている。我々は長年にわたって肌の美しさを追求してきており、これまでの技術の蓄積や視点から、独自の化粧品開発に取り組んできた」

富士フイルムの独自発想から生まれた化粧品アスタリフトは、肌の若々しさを保ちたいと考える女性たちから絶大な支持を受けている。

トータル・ヘルスケア・カンパニーとして新たな成長を目指す富士フイルム

富士フイルムにとって重要な新事業分野である医薬品事業での取り組みを見てみよう。医薬品におけるイノベーションの重要な挑戦は、正しい化合物の発見だけでなく、人体に理想的な形で薬を吸収させる技術革新である。古森氏の言うとおり、「富士フイルムのナノテクノロジーを医薬品に応用できれば、患部に適切に薬剤が送達される。写真フィルムの会社だった富士フイルムが、医薬品分野で価値のあるイノベーションを実現することが可能だ」。2009年、ロンドン・サイエンス・ミュージアムのためにBBCが5万人を対象に行った調査では、X線が歴史上「最も重要な科学的発明」であったという回答が得られ、続いて第2位にペニシリン、第3位にDNAらせんが名を連ねた。富士フイルムのナノテクノロジーは医薬品業界にイノベーションを起こすかもしれない。さらに、フィルム機能層の化合物の化学反応を解析する技術は、医薬品の作用機序の解析に直接応用できる。常務執行役員 医薬品事業部長の岡田淳二氏は、医薬品事業に応用展開している技術について次のように述べている。

「写真フィルム機能層に使用される有機化合物を設計し合成する技術は、医薬品化合物の設計と合成に応用できる。ナノレベルからマイクロレベルまで化学組成に取り組んできた80年以上にわたる経験の中で、多くの化合物が社内で設計され、合成されてきた。その化合物は20万種にもおよぶ。たとえば、きわめて複雑な合成過程を経るため、必然的に製造コストが高くなり、他社が開発を断念した化合物があった。我々は、その化合物を導入し、富士フイルムの合成技術により合成プロセスを簡略化した。現在、抗がん剤として臨床開発を進めている。また当社は、高品質の写真フィルムやその他の製品を安定して製造することで培った生産技術も保有している。1つの事例として、富士フイルム富山化学では、富士フイルムの生産技術を応用して、生産効率を30％向上させた」

富士フイルムの医薬品事業は、がん、感染症、神経疾患領域を重点領域として注力している。さらに、独自の先進技術を用いたドラッグ・デリバリー・システム（ＤＤＳ）技術の開発にも注力している。この技術を応用したリポソーム製剤は、リン脂質などをカプセル状にした微粒子の中に薬剤を内包したものである。例えば、抗がん剤をリポソーム製剤とすることで、標的とする患部に選択的に届け、副作用を抑制しながら薬効を高めることが期待されている。

岡田氏は、リポソームによる革新的な薬剤開発にあたって、オープンイノベーションについて固有の論理を展開している。

「私たちは、解析、ナノ、エンジニアリングにかかわる技術力を展開し、効果的で安全性の高い革新的な医薬品の提供を常に目指してきた。当社は、富士フイルムのリポソーム製剤技術を製薬会社の技術と組み合わせて、アンメット・メディカル・ニーズに対応することを目指している。当社のＤＤＳ技術を使用した共同研究には、核酸医薬品などの先端医療分野が含まれる」

２０２０年には、富士フイルム富山化学に、50億円規模の投資によるリポソーム製剤工場が稼働した。また、複数の固形がんの治療薬として承認された抗がん剤を新開発のリポソームに内包した薬剤の臨床試験が米国で進んでいる。

ここからは、富士フイルムにとっての成長分野である、再生医療事業とバイオ医薬品の開発・製造受託（ＣＤＭＯ）事業について紹介しよう。

富士フイルムは、アンメット・メディカル・ニーズに対する新たな解決策として、細胞を用いた再生医療の研究開発を進めている。再生医療は、今後高い市場成長が期待されているが、実用化には時間と費用が必要である。それを早期に産業化することこそが企業の果たす社会的役割だと考え、先述のｉＰＳ細胞の開発および製造のリーディングカンパニーであるＦＣＤＩ、細胞培養に必要不可欠な培地などを事業展開する和光純薬工業（現：富士フイルム和光純薬）、Irvine

Scientific Sales Company（現：FUJIFILM Irvine Scientific）を買収するなど、積極的に先行投資を行ってきた。現在、グループの技術を結集し業界をリードしながら、再生医療の産業化を目指している。

富士フイルムは、再生医療に必要な三大要素を全てグループ内に保有している会社である。その三大要素とは、臓器や組織を作るための「細胞」、細胞増殖などに必要な「培地」、そして細胞を生育・増殖させるための足場となる「足場材」だ。これまでに整えてきた事業基盤を生かして、足元で創薬支援ビジネスや培地ビジネスなどによる事業拡大を図りつつ、将来の大きな成長に向けて再生医療製品の開発も進めている。

創薬支援では、無限増殖性と多様な細胞に分化する性質を持つiPS細胞が新薬の研究開発ツールとして注目されているが、FCDIは、早くからiPS細胞を目的細胞に分化誘導させた創薬支援用iPS細胞由来分化細胞を開発し、提供してきた。現在では、心毒性を評価する心筋細胞や、アルツハイマー型認知症などの神経疾患領域で活用するミクログリア細胞など、幅広いラインアップをそろえている。これらの細胞を使用すれば、ヒト生体に近い環境で医薬品候補化合物の評価を行えるため、新薬の研究開発の効率化と迅速化を実現できる。

また培地では、バイオ医薬品の需要増や細胞を用いた治療法の拡大に伴い、事業が拡大している。富士フイルムは、これまで米国および日本で培地を生産してきたが、需要増に対応するため、オランダの生産拠点内に、富士フイルムとして欧州初となる培地の新工場を2021年内に稼働させ、日米欧の3極生産体制を確立する計画である。

バイオ医薬品の開発・製造受託会社（ＣＤＭＯ）は、薬剤開発初期の細胞株開発から生産プロセス開発、治験薬の開発と製造、市販品の製造まで、幅広いサービスを製薬企業などに提供する。富士フイルムは、２０１１年に米国 Diosynth TRP Inc.／英国MSD Billingham（ＵＫ）Limited（現 FUJIFILM Diosynth Biotechnologies）を買収。幅広い事業展開を通じて育んできた生産技術と品質管理技術を活用して、バイオＣＤＭＯ分野で目覚ましい躍進を遂げている。バイオ医薬品は、副作用が少なく高い効能が期待できることから、製薬市場全体でのシェアが増加している。その製造には、細胞の培養、分離、精製のための高度な技術と設備が必要であり、製薬会社は、バイオ医薬品の生産プロセス開発と製造をすぐれた技術と先進設備を持つＣＤＭＯに外注するケースが増えていることから、バイオＣＤＭＯ市場は伸長している。

この分野における顧客の需要の高まりに対応すべく、富士フイルムは、先進設備に投資し、グループの専門技術を組み合わせて高効率かつ高生産性技術を実現することにより、バイオ医薬品の製造能力を拡大してきた。これらの技術には、業界トップクラスの抗体産生を可能にする「Apollo X」などがある。さらに、新たに高度な灌流培養プロセスと斬新な連続精製プロセスを備える全工程連続生産システムも開発し、今後、製造工程に導入していく考えである。細胞治療薬、遺伝子治療薬、ワクチンの生産分野では、安全で安定した製造を可能にする高度封じ込め設備が利用されている。この設備は、商業生産施設としては最上位レベルであるＢＳＬ－３（バイオセーフティレベル3）まで対応可能で、「モバイルクリーンルーム」方式を採用している。富士フイルムは2019年、世界トップクラスのバイオ医薬品企業であるBiogenの製造子会社を買収し、さらに大型設備投資を行うことで、事業成長を一段と加速させている。富士フイルムは、FUJIFILM Diosynth Biotechnologiesや細胞培養培地の開発と製造におけるグローバルリーダーであるFUJIFILM Irvine Scientificなどが保有する生物学的知識や技術と、自社の高度な品質管理技術や生産技術を組み合わせることによって、新しいレベルの革新的シナジーを生み出そうとしている。副社長 バイオCDMO事業部長の石川隆利氏は次のように説明している。

「写真フィルム生産における高度なエンジニアリング技術や品質管理技術、経験をベースに、バイオCDMOに必要な技術と知見を新たに獲得し、さらにその技術と知見をバイオエンジニアリングと組み合わせた。製薬業界の発展のため、シナジーを発揮させ、新たなバイオ医薬品の製造技術の開発など、さらなる高みを目指す」

そして、古森氏は次のように述べている。

「健康に対する世の中のニーズは、非常に高い。いつの時代でも健康でありたいと思うのは万人の願いであろう。ゆえに、ヘルスケアは21世紀の極めて重要な産業である。医療技術の進歩はめざましい一方、この分野には、まだ解決できていない課題も多く、今後発展する余地が大きい。現存する課題には、富士フイルムの持つ先進かつ独自のテクノロジーを十分に生かして、解決に導くことができるものが多いと考えており、当社は「予防」「診断」「治療」をカバーするトータル・ヘルスケア・カンパニーになることを目指している」

CHAPTER 6

Komori's Management Approach

古森のマネジメント・アプローチ

――古森重隆

何かを学ぶとき、
実際にそれを行うことによって我々は学ぶ。
――アリストテレス

この章では、私の経営理念について説明する。

企業経営とは、何か。それは一言でいうと、「価値のある製品やサービスを社会に提供することにより、適正な利潤を上げ、それを更に未来に向けて投資しながら次の価値を創り出し、組織を存続させていく」ことだ。企業は、様々な機能や人材、技術や資金などを備えた、極めて機能的、合理的で合目的的な、おそらく社会で最も優れた最強の組織で、研究開発、生産、営業、マーケティング、経理、人事などそれぞれの機能をもった組織の集合体である。これらの機能をまとめ上げ、規定されたプロセスに沿って企業の進む道を指揮するのが経営者である。

株主第一主義の見直し

1976年にノーベル経済学賞を受賞した経済学者ミルトン・フリードマン氏は、「企業は株主のものであり、その利益を最大化させるために存在する」と提唱した。しかし、2019年8

月、米国の主要企業が参加する経営者団体であるビジネス・ラウンドテーブルが、それまでの株主を最優先に考える「株主第一主義」を見直し、顧客、従業員、サプライヤー、地域、社会などのステークホルダーを重視していくと宣言した。ミルトン・フリードマン氏が提唱して以来、半世紀近く続いてきた株主第一主義が、米国で見直されることのインパクトは大きい。

企業は、公正な競争を通じて利潤を追求すると同時に、社会にとって有用な存在であるべきだ。経営にとって事業活動を通じた利益の最大化が、重要な経営指標であるのと同時に、企業は、気候変動、貧困、格差といった社会課題の解決に貢献することも目指さねばならない。これらが達成されてこそ、企業のゴーイングコンサーンが担保され、すべてのステークホルダーに報いることができる。では、世の中に価値を提供する存在として、企業が存続し続けるために、経営者に必要なものは何か。

私は変化のスピードが速い今を勝ち抜くために経営者に必要なことを、「10個のP」と「2つのS」として表現した。これは、コトラー教授によるマーケティングのフレームワークである「4P（製品、価格、プロモーション、流通）」や「7P（製品、価格、プロモーション、流通、人、プロセス、物的証拠）」になぞらえたものだ。

経営者は、企業の置かれた状況を把握する「Photo」からプランを実行する「Perform」までのサイクルを継続して回す。

「Perform」に至るまでの過程、および「Perform」のステップにおいて重要となるのが

図表6.1　経営者に必要な「10P＋2S」のフレームワーク

10P

Photo	世の中の現実を正確に写真に収めるように、経営者は社会環境や経済状況・技術進化などを客観的に、かつありのままに把握する
Predict	現状認識をベースに将来を予測する
Plan	現状に対応し、かつ来たるべき変化に備え、課題やビジネスプランを構想し、具体的な短期的、中長期的経営計画に落とし込む
People	会社の今やるべきことや方向性について明確なメッセージを発信する
Perform	成功に導くために、全力を尽くし実行する
Passion	情熱、率先垂範、断固としてやり抜く強い意志
Philanthropy	より良い社会の実現に貢献したい、社員や多くのステークホルダーをより幸福にしようという思い
Perspective	本質を見極める大局観
Philosophy	リーダーとしての哲学
Power	力強く社員を引っ張るエネルギー

2S

Short-term Solution	現在の課題に対応するソリューションとパフォーマンス
Long-term Solution	将来の成長と課題解決を実現するソリューションとパフォーマンス

「Passion」「Philanthropy」「Perspective」「Philosophy」「Power」といった、経営者の意思や哲学だ。

さらに、将来にわたって企業が常に新たな価値を社会に提供する存在であり続けるためには、現状の最適化に取り組みつつ、未来図を描き、その実現に向かって成長し続けていくという「短期」と「長期」の2つのソリューション「2S」が欠かせない。経営者にとって、より良い製品やサービスを開発するために、現業における足元の利益の最大化は果たすべき必須の課題である。これは「短期的な課題」として位置付けられ、経済環境の変化や企業間の競争に適切に対応し、年度ごとの売上計画や利益計画を確実に遂行することなど、現在、目の前にあってすぐに解決しなければならないものだ。もう一つの課題は、将来への布石としての長期経営計画、すなわち将来技術の開発や未来の柱となる新規事業の創出、人材への投資といった「長期的な課題」だ。企業は社会へ価値を提供するために最適な組織構造を持つ。経営者にはその企業を存続させ、社会の進歩に寄与し続ける責任がある。これらの短期的課題と長期的課題に対する2つの「S」、ソリューションに並行して取り組み、継続的に価値を生み出し続けることが企業経営の本質である。

断固としてやり抜く

経営者は評論家や学者ではないのだから、「現状はこうだ」「将来はこうなる」「だからこうしよう」と口で言っているだけでは役に立たない。決断したら、やり遂げる。実行が伴わなければ、「Photo」「Predict」「Plan」「People」のステップも意味がない。先頭に立ち、断固としてやり抜くのだ。

富士フイルムの改革においては、もし私以外の他の誰かが社長になっていたとしても、同じように改革を実現していたかもしれない。ただ、私は、やるべきことをスピーディーかつダイナミックにやり抜いた、という点では、誰よりも徹底して断固実行できたという自負がある。自分が正しいと判断したことは、誰がなんと言おうと実行する。そして、最も重要なことは「成功させねばならない」、ということだ。これこそがリーダーの仕事である。このようなリーダーの姿を見ることで、皆がついてくる。

前述のとおり、富士フイルムが存亡の危機に直面した際、改革に反対する従業員はいなかったし、もしいたとしても、やらなければならないことを躊躇する要因にはならない。そんなことを気にするようでは有事のリーダーは務まらない。リーダーは「やる」と決めたら「俺に任せてくれ」と使命感を持って指揮し、組織を勝利に導くために行動するのみである。仮に多少の抵抗があったとしても、やるべきことは断固としてやる。それがリーダーの役割である。ましてや、会社が危機に陥っているのであればなおさらだ。

リーダーはその任に就いたとき、「長年未解決の課題や、やらなければならないことをやる」という使命を持つ。解決策をクリエイティブに考え、決断を下す。そして先頭に立って走り、自ら実行することが重要だ。難しい課題に対して、部下に解決策の案を考えさせるのではなく、自分が率先して考え、動くことがリーダーの役割である。一度やると決めたら、現場をリードし、全力で成功に導かねばならない。

経営トップの勝負は真剣

私がよく話すのは、経営トップは真剣の勝負であり、ナンバーツー以下は、竹刀の勝負だということだ。

真剣の勝負は、負けイコール死を意味する。失敗から学ぶ余裕はなく、自分が負けたら会社も傷つき、負ける。だから、失敗は絶対に許されず、勝つ方法を必死で考える必要がある。そして、組織のナンバーワンとナンバーツー以下では責任の重さが違う。ナンバーツーも相応の責任は持っているが、間違えてもまだ自分の後ろにはトップがいる。トップは絶対に負けてはならないのである。

では、ビジネスにおける「勝ち」とは何か。それは、市場に対して、競合よりも価値の高い製品やサービスをスピーディーに提供し、世の中から評価を得ることだ。「儲けるためには何をしてもいい」という勝ち方では、社会から支持を得ることはできない。人間の知恵、善意、倫理、美学、品格といった、人間を人間たらしめているものに基づいた勝ち方が経営にも絶対に必要だ。それには、賢く、正しく、強く戦って勝つ必要がある。

不正やごまかしではなく、フェアに戦い、競争相手からも「見事だ」と言われるような勝ち方をすることが重要だ。

日本には、「三方（売り手、買い手、世間）よし」という考え方がある。「ビジネスにおいて売り手と買い手が満足するのは当然のこと、世間に貢献できてこそよい商売といえる」という考え方だ。特に企業には、競争の根底に「社会に貢献する」「人々のためにやる」という使命感が求められる。この勝ち方が企業として一番いい勝ち方である。

全ての勝負において、鮮やかに物事が成就、あるいは勝利できるわけではない。鮮やかな一本勝ちは気持ちのいいものだが、現実には企業の持つリソースや競争条件はさほど差がない場合も多い。その中で勝つには、相手より一歩でも前に進むしかない。「天才とは、1％のインスピレーションと99％のパースピレーション」と喝破したのはトーマス・エジソンだが、拮抗した状況下にあって全力で成功させる。それこそが「努力」の真の意味だ。

自分の人生を振り返ってみても、何らかの成果を上げることができたときは、必死になって考え、知力と死力を振り絞り、最後まで泥臭く頑張り通した後の成就が大半である。これは、何かを成し遂げた人のほとんどに共通するのではないだろうか。真の勝負は行き詰まったところから始まる。「これはできそうもない」と思ったときに、逆に何とか乗り越えようと考え抜く。私はそれが「人生における努力」の真の意味だと考えている。

決断を誤る三つの要因

経営トップやリーダーは、真剣勝負で決断を下し、正しく勝ち続けることが求められるが、決断を誤るケースにはいくつかのパターンがある。1つ目のケースは、現実を直視しない場合だ。正しい判断を下すためには、物事を冷徹に見ることが必要であり、事実は事実として向き合い、目をそらしてはいけない。

例えば、富士フイルムにとっての写真フィルムの場合、高いシェアを持ち、市場動向も把握しているのだから、数字を見れば、市場がほとんどなくなってしまうことは明らかだった。出された数字からコアビジネスのそうした現状を認めることは勇気がいる。しかし、そこで透徹した目をもって現実を直視できなければ、その後の選択を間違えることになる。

決断を誤る2つ目のケースは、情報が偏っている場合だ。ある特定のソースからの情報しか持っていないときや、あるジャンルの情報しか持っていないときに、現状把握を誤る可能性が高くなる。情報はできるだけ、多面的に仕入れなければならない。

決断を誤る3つ目のケースは、思い込みや偏見などの先入観がある場合だ。「こんなことが起こるはずがない」「これほど大きな事業がシュリンクするはずがない」。こうした先入観があると、客観的に物事を見ることができなくなる。また、「本当はこれが正しいと思うけど、やりたくない」「あの人物が言い出したことだから、やらない方がいい」といった思惑が入り込んでしまっても、やはり決断を誤る。

プライオリティ、ダイナミズム、スピードを意識する

組織の進む道はリーダーが決める。課のことは課長が、部のことは部長が、会社のことは経営トップが決断することで組織は動く。リーダーが決断する際に重要なことは、プライオリティを意識することだ。絶対にやらなければならないこと、一番大事なことは何か。それをいつまでにやらなければならないか。プライオリティの感覚が薄いと、困難な案件を先送りしがちであり、これは最悪だ。「今、何をしなくてはならないのか」は、現状把握（Photo）と将来予測（Predict）がきちんとできていれば、自ずとはっきりする。本業消失という危機に見舞われた富士フイルムの場合、プライオリティの最上位は、写真事業の売上減少を補う新しい収益の柱を作ることだった。そのために具体的なプランを構想していったが、構想の際に重要なことは、どの

タイミングで、どれくらいのスピードとスケールでどのように実行するかである。やるべきことは間違っていないが、スピードとダイナミズムが伴っていないために失敗するケースは多い。

いくら狙いが良くても、グズグズして先送りしたり、タイミングを逸したりしてしまえば、うまくいくものもうまくいかない。

企業のリストラも同様に、誰だってやりたくないことであり、できるだけ先送りしたい、一気にやらずに少しずつやって様子を見る、という気持ちも分からなくはない。しかし結局は、やらなければいけないことは、やらなければいけないのだ。小出しにやっていては、その間に会社はどんどん体力を失うことになる。だから私は、写真関連事業の構造改革を実行に移す際、どのくらいの規模で、どの範囲まで、いつまでにやるかを慎重に構想して、思い切って断行した。液晶パネルに使用される偏光板保護フィルムの製造ラインに巨額の投資をしたことも、同様の例だ。市場拡大のスピードを的確に予想し、遅れることなく供給能力を確保するために、事業部門から提案された設備投資の二倍を投じたのである。「何をやるのか」というプランが正しいことは大前提であるが、その上で、スピード感、どのタイミングでやるか、どれくらいのスケールでやるか、といった物事の転がし方、動かし方を誤らないことが経営者には求められる。

正しい経営判断を下す

経営者には、膨大な情報の海から意味のある情報を素早く見いだす力、また、限られた情報からでも、将来の予測、トレンドを正しく見切る力が必要になる。これには、人間の本源的な力である野性の勘、あるいは閃きともいうべきものが、大きな役割を果たす。

一般に右脳は感性を、左脳は理性を司ると言われるが、その分類を用いるならば、左脳でロジカルに考え、右脳で本質をつかみひらめくことが、経営者のインテリジェンスだ。これができると、たとえ情報が断片的であったとしても、事実の背後に横たわる本質が見えてくる。素早く決断し、実行することができる優れた経営者は、スモールデータであっても正しい判断を下すことができる。

企業は、世の中に価値を提供する存在としてゴーイング・コンサーンでなければならない、と先に述べた。だからこそ、企業は立ち止まってはいけない。社会と技術は必ず進歩するものだ。「未来の社会や技術はどうなるのか」「顧客はどんな製品やサービスを求めるようになるのか」を先読みし、そのために今から何を準備すべきかを考えて実行していく。企業が社会に価値を提供し続けるためには、未来への投資が欠かせない。社会情勢や技術動向を敏感に感じ取り、数年先を予測した上で、対応策を準備する。そして、それを経営計画として具体策や数字に落とし込み、完遂に向け、情熱を燃やし、企業を引っ張り、成功に導く。
それが、経営者に求められることだ。

CHAPTER 7

The Komori Way : Phronesis in Action

古森ウエイ

フロネシスの実践

——フィリップ・コトラー

君の行動によって、周囲の人間が夢をふくらませ、
未知の物事を学ぼうとし、行動を起こしてより優れた
人間になろうと決意したとするなら、君はリーダーだ。
——ジョン・クィンジー・アダムズ

カオ（2018）によって発表されたアップル（スティーブ・ジョブズの指導力）に関する解説本は、破壊的リーダーに関する本であれば必ずそうであるように、面白くて、物事の本質を突く大河小説のような著作に仕上がっている。カオ（2018）は同著の第14章で、次のような持論を展開している。「リーダーは違いを生み出すために生きている。何らかのニーズを見つけたり、困難に直面したり、問題を見極めたりすると、リーダーは変化を求めて行動を起こす。彼らは歴史の探究者であり、組織の生死は彼らに委ねられている。だからこそ、リーダーシップ研究は最も活発に行われている研究の一つなのである。リーダーなしでは世界は回らない……。リーダーシップとは、集団を通して物事を達成する行為である」。

カオはスティーブ・ジョブズの破壊的リーダーシップ・スタイルを「深い思いやり」という考え方で表現しているが、これは私が「古森ウエイ」と呼んでいるものとかなり通じるものがある。「深い思いやり」とは、深く心に根付いた原動力であり、損得勘定や立場（または権力）を

回避しようとする。もっと正確に言えば、トランスフォーメーションを求める破壊的なリーダーシップ（実業界におけるジョブズや古森氏が代表例）は、要するに「仕事への愛」のことで、今の自分を超えたいという強烈な欲求、または自己よりも大きなあるいは高尚な何かに突き動かされている状態である。その何かとは、自由、正義、癒し、自己啓発、あるいはトランスフォーメーションかもしれない（Kao, 2018, xiv）。カオが詳細に述べているように、この「深い思いやり」とは、「思考から実現まで」の破壊のあらゆる側面に及ぶ「指令室」のようなものだ。そして、「どのくらい深い配慮をしているのか」という問題は、破壊的な道のりを辿っている最中、折に触れて用いられる最終的な「状況分析」であり、破壊的リーダーのＤＮＡに組み込まれているものである（Kao, 2018）。

カオの立場と同様に、破壊の本質は否定的なものではないことを、ここで強調しておきたい。破壊という言葉からはすぐに否定的なものが連想されるが、クリステンセンによって示された破壊の概念のように、肯定的な力としてみなすこともできる。「古いものを取り換えたり覆したりするか、新しい道筋、新しいもの、新しい考え、新しい方法を生み出すことにより、状況改善のための変化を起こす力」である（Kao, xv）。カオはスティーブ・ジョブズのリーダーシップ構造を独自の視点で解釈し、「破壊的リーダーシップのテクノロジー」（もしくはリーダーシップを育むために必要なプロセス）を醸成する上で、次の3段階が重要であると述べている。1番目は、リーダー自身が内側からまたは個人レベルで「噴火」する段階。これが基本的にリーダーにとって魂の原動力を下支えすることになる。2番目は「構築」する段階。組織文化の隅々まで浸透するような方法でビジョンを共有し、リーダーの遺伝子型を効果的にチームの表現型に変換する段階である。3番目は実際に「破壊」する段階。「古きを打ち負かし、新しきを打ち立てる」段階である（前掲書、p.7）。

古森氏は著書『魂の経営』の中で、「やさしさや大義がなければ、勝ちにも強さにも意味がない」と、「やさしさ」について彼自身の言葉で語っている。彼が詳しく述べているように、「リーダーや企業戦士は大義のために戦い勝つことに意義がある、そのために強くあるべき」（Komori, 2015, p.158）であり、このため、それが彼のビジネス五体論では「胸（ハート）」が勝ち方につながる重要なポイントとされている。「胸（ハート）」が重要なのは、人に関心を払い、共感と愛を通して他人との社会的な調和を育むためである。レイモンド・チャンドラーの小説に登場する私立探偵フィリップ・マーロウの台詞に、「強くなければ生きていけない。やさしくなれなければ生きる資格がない」（p.158）とあるが、古森氏はこれに「同感」している。この言い回しこそ、古森氏が自らのリーダーシップ・スタイルについて語る際、自然と口に出てくる言葉なのである。古森氏にとって大切なのは、やさしさを兼ね備えた強さによって解決することで、彼自身、「強さのないやさしさとは何か」と問いかけている。

古森氏が富士フイルムの就職面接を受けたきっかけは、親戚の勧めだった。「あそこは人を大事にするいい会社だぞ。それに若い人にも比較的大きな仕事を任せてくれる。おまえに合うんじゃないか」と教えてくれた(Komori, 2014, p.24)。「富士フイルムの入社面接に臨んだ時、私はまだ若造でしたが、ここの社員たちに歓迎されていると感じました。私を大事にしてくれたのです。そんな風に社員を大事にする会社に入りたかった。私を歓迎してくれ、他の人を大事にしている彼らのようになりたかった」と、自身について古森氏はインタビューの中で語っている。古森氏はジム・コリンズが『ビジョナリーカンパニー』(1994)の中で述べる典型的な第5レベルのリーダー(職業人としての強さと個人としての謙虚さを併せ持つ)であり、富士フイルムの成功は彼のリーダーシップの賜物と言われたりすると、以下のように答える。「社員一人ひとりが自らの課題を認識し、それらに対し果敢に取り組んできたからこそ、当社の第二の創業は成功した」。「もし他の誰かが社長になっていたとしても、私と同じように読み、構想し、それを社員に伝えていたかもしれない。ただ、私はやるべきことをやり抜いたという点では、誰より徹底して断固実行できたという自負がある」。そして、彼自身を突き動かすものは何かとさらに問いかけると、彼は「ハートだ。人に対する関心、思いやり、共感、愛、富士フイルムの社員やお客様、社会や国に対しての強い思いだ」などと、再び精神的な次元の高い話を展開する。

古森氏の著書(2015, p.162)に「ただ勝つのではなく、賢く、正しく、強く勝つ」という節があるが、道徳的な目的に基づく競争の哲学、すなわち他者と戦うのではなく、自己と戦って障害や挑戦を超越することの大切さを説いている。「人間関係が悪くなったり、弱者が虐げられたりする世界になるのは、競争や戦いが原因ではなく、徳の問題である」と古森氏が述べているように、ここで鍵となるのが徳育である。古森氏は、「人間の知恵や善意、倫理や美学、品格といった、人間を人間たらしめているものに基づいた勝ち方が経営にも絶対に必要なのだ」と述べており、「賢く、正しく、強く勝つ」ことが重要なのである。戦いは他者との対戦ではなく、自己との戦いに始まり、自己との戦いに終わる。古森氏にとって、「深い思いやり」の気持ちは組織の枠を超え、顧客や従業員、その他ステークホルダーのみならず、競争相手にも及ぶ。実際、コダックの終焉について聞かれたときの古森氏の表情はむしろ暗く、まさに古森流に「コダックのことは本当に残念だ。コダックは巨人で私たちは後を追う存在だった。巨人の衰退を見るのは悲しいことだ」と述べている。私とのやり取りの中で、古森氏の競争相手に対する思いが感じられた最初の一コマであったが、古森ウエイの一貫した主題として、同氏の姿勢はこの後も何度となく確認されている。

事実、現在の産業革命後のグローバルなリーダーシップの枠組みでは、「一人の特権的リーダーによる権力と名声の追求」よりも「美徳の振舞い」としてリーダーシップが認識されるようになっている（Bekker, 2010, p.56）。個人主義的または競争主義的なリーダーシップはもはや過去のもので、現在では、共生的、社会的な視点から偉大なリーダー像が捉えられている。現在のリーダーシップ論の研究者たちは実際に、破壊的で変革型リーダーには、自己超越的な動機が内在すると指摘している。自己超越の理解にはさまざまな考え方があるが、基本的には、自己より大きな意義を通じての自己実現と理解することができ（Dale et al., 2018, p.898）、「自己を超越した力との連帯、および人間のエゴを超えたアイデンティフィケーション表現としての他者への奉仕(Koltko-Rivera, 2006, p.305)」もそれに含まれる。カオが表現するところの「深い思いやり」である。何度も言うように、変革型リーダーを論じるリーダーシップ論では、この自己超越が優れたリーダーの特徴であることが分かる。自己超越の中心にあるのは、人間の美徳への洞察、「正当な」または「真の」人生を生きるニーズであることが多い(Oliver and Bartsch, 2011)。変革型リーダーは他者を感化する自己超越性を備えており、古森氏が自身の原動力について質問を受けたときに答える「愛」という、リーダーにとってこれほど強力な美徳はない深い道徳的な感情によって突き動かされるのである。

ウィンストン(2002)によるリーダーシップにおける愛の研究は、パターソン(2010)が述べている通り、「何よりも奥深い」ものである。ウィンストンは「己の欲するところを人に施せ」という黄金律を、リーダーシップのためのプラチナ律に変えるべきだと提唱している(Winston, 2002)。パターソンはこのプラチナ律が示唆することとして、次のように主張している(Patterson, 2010, p.73)。「モラルあるリーダーは自分の部下を全人的に、すなわち単に任務やサービスを遂行するための手足としてではなく、手や頭がある血の通った人間として認識しなければならず、さらにリーダーが全人的な部下を愛するためには、物理的にも、心理的にも、精神的にも関与しなければならない。部下との深いつながりは、リーダーの特質のうち利他的な側面を基盤としている」。

ここで、個人を真正な自我（自分らしさを持った人）として認識することをビジネスで独自に実践している事例として、古森氏のビジネス五体論を再び思い出したい。個人を全人的に認識するという点において、パターソンの説をビジネスで最初に実践し、実現した例と言えるかもしれない。さらに我々は、「真のリーダーは自分を除く他者を育成し、リーダーのゴールは自分の成長よりも他者の成長を優先させることだ」というターナー（２０００）の主張を、企業のリーダーがどのように優先させるかについてもうかがい知ることができる。真のサーバント・リーダーシップでは、従業員が健康で、賢く、自由になり、自律する機会が提供されることを目指している（Sipe and Frick, 2009）。重要なのは、ビジネス五体論は典型的なサーバント・リーダーシップの実現に照準を定め、他者に力を与えているという点である。第3章ですでに指摘しているように、ビジネス五体論の独自性は、お互いの共感的な関係を育み、そうすることで対人的な愛情を実現し、育てるという点である。だからこそ、「謙虚で、忍耐強く、やさしく、共感力があり、怒りにくく、慈悲深い」サーバント・リーダーシップの気質（Strauch, 2006）が、企業文化レベルで根付くのである。

そして最終的に最も重要なのは、リーダーは意志の強さと素晴らしき謙虚さの双方の気質を備えることである。これはジム・コリンズの言う前述の第5レベルのリーダーシップであり、こうした2つのスキルを通じてリーダーは組織を変革させ、「良好（good）な企業から偉大（great）な企業」へと飛躍させることができる。自らの組織が直面する厳しい現実を冷静に把握し、勝つための強い心を持つ一方で、特に会社を成功に導くときには、意志の強さと素晴らしき謙虚さを忘れない。リーダーは組織を良好から偉大に転換させる責任を負っているが、成功に対する賞賛に対してはあまり興味がないのである。

ジム・コリンズによる第5レベルのリーダーシップ理論がCEOや役員クラスに基づいている一方で、古森氏のFFウェイは第5レベルの分散型リーダーシップの育成に関して興味深い事例を提供している。組織に属する全ての人間が、実際に変革者となることができるのだ。ジム・コリンズの主張は、プロフェッショナルであると同時に謙虚であるというリーダーの二面性を強調している点で注目に値する。「謙虚であるが意志が強く、用心深いが大胆不敵」という、本質的な謙虚さと強い意志が合わさったものが第5レベルのリーダーシップであり、「良好な企業から偉大な企業」に変えていくリーダーの特徴であるとしている。繰り返しになるが、愛に基づくサーバント・リーダーシップや第5レベルのリーダーシップ理論は、カオによる「深い思いやり」、つまり愛と重なっている。これらのリーダーは、「自己の欲求を自分自身に向けるのではなく、偉大な企業を作り上げるという大きな目標に向ける」のである（Collins, 2009, p.30）。ジム・コリンズが記しているように、そうしたリーダーは自我を持っていないのではない。むしろそれとは正反対で、野心を秘めているが、彼らはその野心を、自分のためではなく、組織の利益のために費やすことができる。第5レベルのリーダーの育成では、古森氏の話からも分かるように、ビジネス五体論に見られる分散型リーダーシップが鍵となっている。

図表7.1　ジム・コリンズのフライホイール・フレームワーク

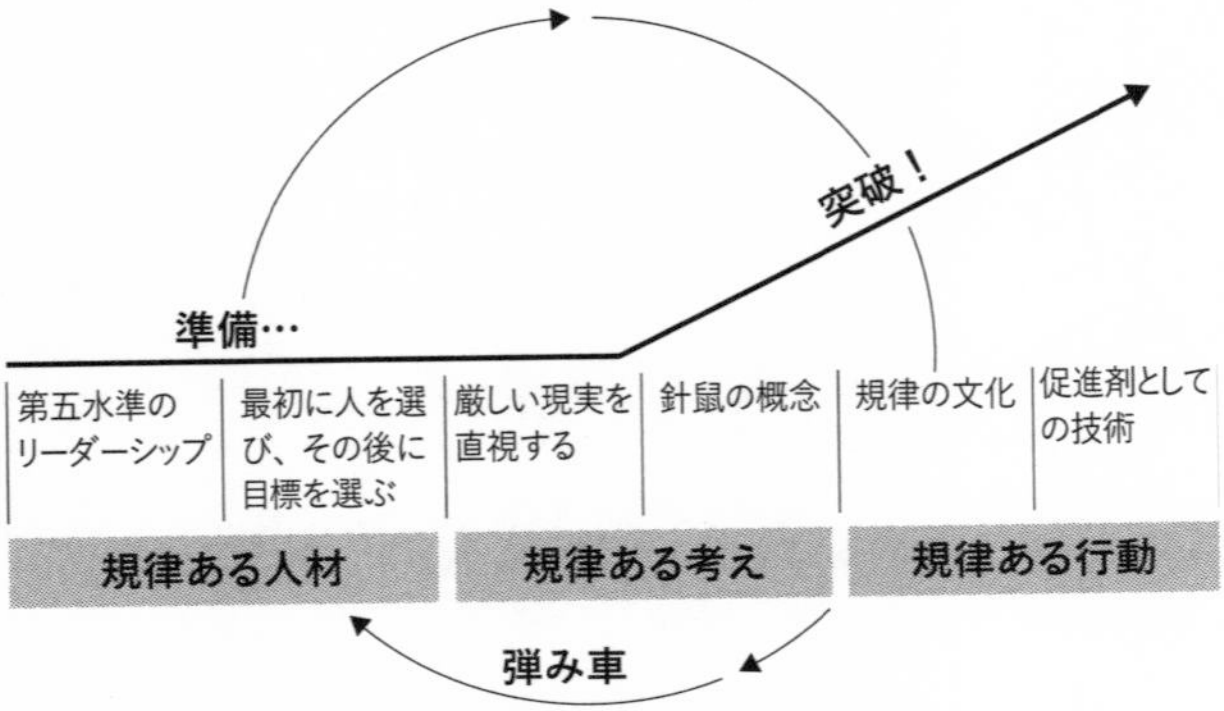

出所：『ビジョナリーカンパニー②』（日経BP）

ジム・コリンズによる有名な著作『Good to Great（邦題　ビジョナリーカンパニー）』（２００１）、そして、規律ある人材、規律ある考え、規律ある行動の組み合わせによって「良い企業から偉大な企業」に移行する組織的全体プロセスを説明した同氏の「フライホイール・フレームワーク」を背景に、古森氏が自身のＦＦウェイを通じて、どのように「良い企業から偉大な企業」への移行プロセスを実現していったのかについて示していこう。

コリンズは、５つの主要な特徴が良いリーダーと偉大なリーダーの違いを生み出すと主張する。１つ目に、偉大なリーダーは、マネジメント・ガイドラインと対照的であるが、必ずしもビジョンや戦略を最優先しないことである。むしろ、偉大なリーダーが優先するのは最適な人材であり、ビジョンや戦略を推進させる能力である。ＦＦメソッドにおけるＳＴＰＤ（読む―考える―計画する―行動する）の精神では、人材のスキルセット、つまり内的ケイパビリティの開発を通じて、戦略やビジョンの策定を推進している。戦略やビジョンが課されるのではなく、富士フイルムの社員は「最適な」人材、つまり富士フイルムが求める人材になることで、自身の指導力を養うよう求められるのだ。

2つ目に、残酷な現実に直面しても信念を失わないことだ。2つの対立するスタンスを貫くことによってベトコンPOWキャンプ（南ベトナム解放民族戦線捕虜収容所）で7年間を生き抜き、名誉勲章を受章したジェームス・ストックデール海軍将校にちなんで、コリンズはストックデールの逆説と名付けて説明している（Collins, 2001）。「彼の人生は今これ以上ないほど最悪だが、いつか彼の人生はかつてないほどに良くなるであろう」（p.71）。この先に待ち受ける困難を物ともせず、努力や苦労の結果を信じ続けるという揺るぎない信念、「そして同時に、それがどのようなものであろうとも、現在自分が置かれている現実という最も残酷な事実に立ち向かうための忍耐力を持ち合わせている」（Collins, 2001, p.14）。私たちはここで、第1章で触れた、富士フイルムが直面しつつあった危機に古森氏が立ち向かうときの決心を思い出す。「あの時、何らかの行動を起こしていなかったら、恐ろしいことになっていただろう……。行動を起こさなければ、富士フイルムに未来はなかった」「世界中の7万人の社員、彼らの家族の生活が懸かっていた」と彼は振り返る（Komori, 2015, p.41）。

3つ目にコリンズは、なぜハリネズミは狐に勝利を収めることができるのか、というアイザイア・バーリンのたとえ話を引用した「ハリネズミ理論」について説明している。「狐が多くのことを少しずつ知っているのに対し、……ハリネズミは一つのことをとても詳しく知っている。狐は複雑で、ハリネズミはシンプルなのである。だからハリネズミは、勝利を収めることができるのだ」（Collins, 2001, p.71）。ハリネズミと同様に偉大なリーダーも、「企業はどの分野で一番になれるか、どのようにして経営資源を最も効果的に機能させるか、人々の情熱に火をつけることができるのは何か」という3つのシンプルな点を理解しなければならない（Collins, 2001, p.71）。

4つ目に、良いリーダーから偉大なリーダーになる者は、テクノロジーの推進者でもある。リーダーは新しいテクノロジーの流行に乗る際には、慎重かつ入念な調査を行うと同時に、逆説的であるが、テクノロジーに基づく能力を慎重に精査し、選択した先駆者でもある。古森氏によるテクノロジーの取り入れ方は、彼が富士フイルムの社長に就任する以前から、先見の明を持っていたことを示している。古森氏や富士フイルムが持っていた知識は、写真技術に基づく高い技術的優位性であり、この本質的かつ核となる技術的優位性から生み出されたさまざまなイノベーションであった。化粧品であれ、X線フィルム、医療画像診断、再生医療であれ、その核となる写真フィルムに基づく知識能力は、最終的な多様な知識能力の源であり続けている。

5つ目に、規律ある人材、規律ある考え、規律ある行動を通じて得られる、規律ある文化が不可欠である。なぜなら、「規律ある人材がいれば、階層制度は不要になる。規律ある考えがあれば、官僚制度は不要になる。規律ある行動ができれば、過度な統制は不要になる。そして、規律ある文化と企業家精神の倫理を組み合わせれば、魔法の秘術のような素晴らしいパフォーマンスを得られる」（p.13）からである。組織の根底をなす文化的な構造としてVISION75と「FFウエイ」を実現することで、全社員がビジネス五体論の全体像に基づいて自己の内省を統合し、個人のケイパビリティの成長を仕事の成果につなげることが期待される。しかしながら、ビジネス五体論の全体像は文字通り、心と精神、つまり愛を網羅するだけではなく、意味の付与や知恵といったサーバント・リーダーシップの「その他」の長所にも焦点を当てている（Adair, 2005）。

古森氏が本質的に示しているのは、人道的なリーダーの実践的な知恵またはフロネシスに関する主要な特徴である。分散型リーダーシップの時代における実践的な知恵またはフロネシスの必要性は、これまで以上に高まっている。リーダーシップの理論家たちは、偉大なリーダーシップを導く精神としてフロネシスの重要性を指摘している。リーダーシップ論の父であるジョン・アデアによると、フロネシスという言葉は、ラテン語の prudentia（プルデンシア）を由来とする prudence（用心深さ）という言葉に誤って解釈されることが多いが、「最も正確な表現は〝実践的な知恵〟」（Adair, 2005, p.50）である。一方、wisdom（知恵）という言葉は、「道を示し、先導し、導くことを意味する」アングロ・サクソン語の wisian を由来とし、「知恵とはリーダーにふさわしい思考をすることである」（前掲書、p.50）。しかし、実践的な知恵またはフロネシスはそこからさらに踏み込み、「どのような方法を採用するか、次は何をするか、いつそれをするか、どのようにそれをするか、誰とそれをするか」といった指示の実現に向けられる（前掲書、

p.50)。アデアにとって、知性、経験、そして善性の組み合わせは重要な構成要素であるが、本質的には健全性、謙遜、人道的な理解のことを意味している。しかし重要なのは、知恵とは常に複雑なものを単純にするということである。アデアは、古代中国の哲学者、老子の言葉を引用し、知恵の本質ともいえる実際的な単純さについて記している：

知識を追求する過程では、日々何かを習得し、知恵を追求する過程では、日々何かを削ぎ落としている。

繰り返しになるが、研究者たちは、偉大なリーダーシップを最終的に証明する要素としてフロネシスを位置付けている。野中および竹内（2011, p.62）は、フロネシスを「人が倫理的に健全な判断を下すための経験的知識」と定義し、（i）善性に基づき判断を下す能力、（ii）本質の把握、（iii）「場」や共有されたコンテキストの創造、（iv）本質の伝達、（v）政治力の訓練、そして（vi）他者のフロネシスの育成、といった要素に分解している。野中および竹内（2011）によると、特に後半の要素は分散型リーダーシップの特徴となっており、中間管理層が実践知つまりフロネシスを備えた卓越したリーダーシップを体現できるような組織文化をもたらすのだという。実際に、この分散型フロネシスは、「賢いリーダーの最も大きな責任の一つ」である（同書、p.66）。野中および勝見（2015, p.179）は、分散型フロネシスによって「可能な限り多くの組織のメンバーが察知し、理解し、変革をもたらす」ことができ、これが「全員経営」や「全員によるマネジメント」につながるとしている。

私たちは、富士フイルムの中核能力を簡潔に整理した、古森氏が始めた技術の棚卸しについて第1章で記述したが、写真フィルムへの投資を削減するという古森氏の決断こそが実践知の最も明確な現れである。そのことは、写真関連事業の構造改革は痛みを伴うであろうが、「世界中の7万人以上の従業員とその家族の生活が懸かっていた」という古森氏自身の言葉に表れている。

本章を締めくくるにあたり、「Age of Turbulence」(Kotler and Caslione, 2009) で論じているカオスへの対処について触れておこう。この中では、予想不可能なことと不安定なことが迫りくる危機を代表するものであり、これらはリーダーたちの動的エネルギーつまりダイナミズムを必要としていると論じている。そのようなカオスへの対処には、早期警告システムあるいは「シナリオ構築システム」と称する段階の整備が不可欠で、これにより組織のエネルギーを温存できるようになる。ビジネスリーダーたちは不確実性やリスクに対して反射的に反応することが多くあり、そのような反応は生産的でないことが多い。不確実性やリスクを検知する早期警告システムは、「ビジネスリスクへの予防として必要であり、驕りや強欲的な傾向を注意深く避け、より冷静なビジネス行動の実現で欠かせない」と述べている (Kotler and Caslione, 2009, p.42)。すべてのリーダーが実践知的特性を備えているわけではないため、リーダーたちにとっては危機を早期に回避するため、このような早期警告システムの導入が急務となる。古森氏は乱気流の時代、つまりフィルムのデジタル化の波というカオスの危険性とそれに伴うアナログ写真フィルムの需要減少を効果的に予測したが、彼による技術の棚卸しこそが、２００１年以降の需要減少というハリケーンに先立って起動した早期準備システムとなったのである。

同書（Kotler and Caslione, 2009, p.44）中で我々が警告しているように、非常に優れたＣＥＯであっても、差し迫った乱気流に対して次のような対応をしてしまうことがある。「危機が迫っているにもかかわらず自信過剰で、自身の産業または会社が深刻な危険に直面していることを否定することも少なくない。そして業績の悪化が確実になると、慌てて経費削減を行う。彼らはマーケティング予算やＲ＆Ｄ経費から従業員数まで、あらゆるものを削減する。そして復活の兆しが見えると予算を開放し、強さを誇示しモラルの向上を図るようになる」。コトラーとキャスリオーネ（２００９）による乱気流航行モデルは、**図表７・２**の通りである。

コダックとは違い、古森氏がこだわったのはプロジェクトをキャンセルせず、利益を産むには時間を要する場合でも、プロジェクトの拡大を許可したという点である。フジタックがこのケースであり、古森氏がその再生を主張した。第１章に記載したように、この分野への投資が、アナログ写真フィルムの需要減少に起因する利益低下を補う結果となったのである。

ここで驚くべきは、古森氏がＲ＆Ｄへの支出の削減を求めようとする株主を前にして、差し迫った写真のデジタル化に向けてＲ＆Ｄへの投資を増額しただけでなく、経費の削減を求める株主に対しても、Ｍ＆Ａの方針を続行させせたことである。この点について、私は「Age of

図表7.2　乱気流の航行（Kotler and Caslione、2009）

	1 乱気流に接近	2 乱気流に直面	3 乱気流から脱出
従来の2パターンのシナリオ・アプローチ	●通常どおりの姿勢で堂々と業務を行う ●差し迫る激流のおそれを軽視し、従業員の不安を鎮静化する ●組織変更を行う前にまず**様子見の姿勢**をとる	●全社一律の強引な経費削減や人員削減 ●新規プロジェクトの中止 ●新製品の研究・導入の中止 ●買収の中止	●過去の失策の穴埋めとして、収益確保のために規模を縮小する ●従業員の士気・顧客・その他ステークホルダーを含めて、事業を再建しようとする
カオティクス・アプローチ	●新たな戦略的対応を主要な事業と部門に盛り込んで、核事業と市場を守る ●その上で、自社より弱い、あまり準備のできていないライバルを踏み台にして果敢に成長する	●方策を広く検討する ●戦略上重要なステークホルダーにパートナーとしての協力を求め、確実に切り抜けられるようにする ●ライバル企業の買収・新たな人材・新たな資産を獲得する ●核事業の確保と強化	●一貫して安定した強い勢いで前進を続ける ●目的をもって計画的に行動し、勢いのないライバル企業を尻目に成長する

出所：『カオティクス』（東洋経済新報社）

Turbulence（邦題：カオティクス）」の中で次のように説明している（Kotler and Caslione, 2009, p.57）。「厳しいときにR&Dや新製品の開発に投資する企業は、収入を上げ続ける。実際、かろうじて収入を上げ続けるというよりも、最悪の不景気から常に抜け出す勝者となり、新しい何かによって大方の競争を勝ち抜くのである。」

「成り行きを見守る」という従来の手法ではなく、古森氏は既存および新規の知識から新しい戦略上の優先順位を確立するという、典型的なカオス対処法を採用した。これは迫りくる危機に先んじて、シンプルにアンゾフのマトリクスを適用したものである。環境の乱気流に対する警告という点で、世界中の組織にとっての教訓となっているのは、最も簡潔であるが意味深い管理ツールであるアンゾフのマトリクスを適切なタイミングで用いたということである。第1章に記載した乱気流時以降のM&Aのリストは、カオス対応への統合的アプローチを示している。富士フイルムがノウハウを持たない部分では、コラボレーション、戦略的パートナーシップ、そしてM&Aを模索した。私たちは最終章において、カオス対応の最終段階、つまり乱気流からの脱出方法について議論するが、富士フイルムの Never Stop キャンペーンは、同社が乱気流からの脱出手法に自信を持っていることを示している。

CHAPTER 8

The Kotler Way : Marketing for a Better World

コトラーの見解

「マーケティングでより良い世界に」

——フィリップ・コトラー

激動の時代における人間中心のマーケティングと古森氏の人間中心の経営アプローチを融合させる前に、私自身の研究内容と成果について説明しておこう。

シカゴ大学でノーベル経済学賞受賞者ミルトン・フリードマンのもとで経済学の修士号を取得した私は、その後マサチューセッツ工科大学で、ノーベル経済学賞を受賞した経済学の重鎮ポール・サミュエルソンとロバート・ソロウのもとで博士号を取得した。伝統的な経済学では、価格以外に需要の動向を左右する要因はないと考えられており、私はそのことに不満を感じていた。私が関心を持っていたのは、市場で実際に起こっているダイナミクスであり、自らを「市場経済学者」と称し、経済学ではなくマーケティングの教育に携わるようになった。私は1962年からケロッグ経営大学院に在籍し、長きにわたり「マーケティング」の研究を続けているが、常に研究の基礎を「消費者権利の解放」に置いてきた。マーケティングにとっての「解放的ビジョン」を確認する前に、マーケティングとは何かについて説明したい。

イギリスの作家ロバート・ルイス・スティーヴンソンの「人は何かを売って生きている」に触

すぐに利益に結びつくことよりも、戦略的に正しいことを行う方が重要である。
——フィリップ・コトラー

発された私は、シドニー・レビー教授との共著『Broadening the Concept of Marketing（マーケティング概念の拡張）』（1969）で、マーケティングを企業だけに限定するのではなく、企業以外の分野へ拡張する必要性を説いた。マーケティング概念を拡張し、単なる「事業活動」ではなく「歯磨き粉、石鹸、鋼鉄を売ることを超えた広い社会的活動」として再評価する必要があるとした（p.10)。当時としては革新的なアイデアであり、これに対して、デビッド・ラック教授などの著名なマーケティング学者が『企業以外の分野』では基準となる価格体系がないために市場として機能せず、それらの分野にマーケティングを適用することは妥当ではない」（1969）と主張し、論争が巻き起こった。さらに1971年、『ソーシャル・マーケティング：計画的社会変革のためのアプローチ』をザルツマン教授と上梓し、マーケティング概念の拡張を推し進めた。これは、「団体や組織を石鹸のように売ることができるのか」、つまりマーケターが薬物や喫煙製品などの不適切な需要を減らし、運動や健康など社会的なことへの需要促進を支援できるのか、という質問への回答である。ソーシャル・マーケティングは、常に私の好きな研究分野の一つだ。

2008年、「世界ソーシャル・マーケティング会議」が初めて英国で開催され、以降ソーシャル・マーケティングはマーケティングの中でも確立された領域となっている。ジョージタウン大学のアラン・アンドレイソン、ワシントン大学のナンシー・リー、公衆衛生に取り組む英ブライトン・ビジネススクールのジェフ・フレンチ、禁煙運動の研究で知られる英スターリング大学のジェラード・ヘイスティングスなどからも支持され、2019年には、10年目の世界ソーシャル・マーケティング会議が開催された。企業のマーケティング部門とマーケティングを構成するものに対する伝統的な見解への挑戦は、倫理的マーケティングおよび後の人間中心のマーケティングへの道を切り拓いた。ソーシャル・マーケティングは、単なる利益のための機能を超えて、マーケティング概念を拡大または「拡張」したものだといえる。今ではスタンダードな考え方となり、一般的なマーケティングの大会において、ソーシャル・マーケティングのプログラムが設けられないことはほとんどない。

ソーシャル・マーケティングの誕生に重要な先駆的役割を果たしたレビーとの共著論文「デ・マーケティング」（1971）では、財とサービスを本質的にポジティブなものと常に見なすのではなく、悪い「財」に対する需要を引き下げるという課題に取り組んだ。これは、近年の私の研究でも繰り返されているテーマである。社会はマーケティングの時代からデ・マーケティングの時代へと移行している。環境意識と持続可能性への欲求によって、私たちは、世界的な水不足、石炭燃焼による大気汚染、密伐採による木材不足、魚の乱獲、そして様々な鉱物の枯渇を認識するようになってきた。環境や持続可能性に悪影響を及ぼす製品やサービスの需要は不健全であり、マーケターはデ・マーケティングおよびカウンター・マーケティングによって、この需要を抑制または破壊する必要があると考えた（Kotler and Levy, 1971）。

私がそのような考えを追求する動機となったのは、70年代初頭の「大きな社会不安と社会的行動」によって特徴づけられる、激動や混沌の時代における社会文化的風土の変化である。私は、社会行動を支える根底にあるメカニズムの解明に特に情熱を注ぎ、1971年に『アメリカン・ビヘビオラル・サイエンティスト』誌で、「社会行動の要素」を発表したが、この論文の主旨は「消費者の権利」を擁護するものでもあった。また、『ハーバード・ビジネス・レビュー』誌に1971年に発表された「マーケターにとってコンシューマリズムとは何か」では、私自身の社会的変革論をコンシューマリズムに適用した。コンシューマリズムは社会運動論の視点を通して見られており、「売り手に対する買い手の権利」の拡大やマーケターの非倫理的行動に怒りを表す消費者の増加へとつながった。私はコンシューマリズムの台頭を永続的かつ不可避であると予測したが、企業が目先の利益にこだわり消費者の長期的な福利を損なうことがないよう注意することは、企業にとっても有益である。消費者の権利を主張する近年の要求が健全な風潮となるよりはるか以前から、私は「消費者による抗議を攻撃したり、無視したりすることは、社会的緊張をより深刻化させる」とも警告していた。このような教訓は、今日の社会運動にも同様に適用できるだろうし、市民や消費者中心の運動だけでなく、富士フイルムのような企業内における取り組みをある種の社会運動として理解する目的でも活用できる。市民主体の社会運動と同様に、企業内の人々は熱意と情熱を持って一つにまとまりやすい。変化を正当化するためには、変化を引き起こすトリガーとリーダーシップとともに、普遍的な信念が必要なのである。

2010年に出版した『コトラーのマーケティング3・0——ソーシャル・メディア時代の新

法則』において私の考えの柱となっている人間中心のマーケティングでは、消費者を何よりもまず人として認識するようマーケターに求めている。私の研究は消費者福利への解放的アプローチを基盤としているが、顧客の短期的な利益最大化よりも長期的な幸福の追求を重視している。この点については、次章でもう一度取り上げる。

私は倫理的な問題についても取り上げている。『マーケターの倫理的問題』（２００６）では、現代社会に対してマーケターが雇用創出などで貢献しているにもかかわらず、専門職としての世間的評価がさほど高くないことを踏まえて、一部のマーケティング活動を見直すべきであると主張した。これは「社会批評家」として、マーケティングの現状や慣行に関して、マーケティング学者たちに警鐘を鳴らすものであった。実際、私は企業の在り方について批判することを決して躊躇せず、著書の中でも世界経済や市場の現状に異議を唱えた。『資本主義に希望はある――私たちが直視すべき14の課題』（２０１５）においては、現在の資本主義の論理を一新すべきだと訴え、社会レベルと企業レベルの両方の観点から富裕層と貧困層の所得格差を特に重視し、社会所得と従業員所得の格差縮小について論じた。私にとって重要なことは、財を作り出すことだけでなく、幸せと永続的な幸福を作り出すことである。同様に、ジョン・キャスリオーネとの共著『カオティクス――波乱の時代のマーケティングと経営』（２００９）では、現在のグローバルな技術主導の市場における「乱気流」の影響を理解し、同時に、この「乱気流の時代」に付随して発生するさまざまな問題に取り組むために、組織的持続可能性と社会的持続可能性を結び付けるべきであると主張した。人間中心のマーケティングおよび社会的マーケティングを正しく評価し、マーケティングの概念を拡張する上での核心は、まさに「自由」というコンセプトである。したがって、富士フイルムのような企業の行動を理解するためにも、マーケターが自由のコンセプトをどのように理解すべきかについて改めて議論する必要がある。自由に対する経営的視点からの掘り下げは、なぜ私や私の仲間たちがマーケティングの概念を拡張したのか、そしてなぜ私が社会的ニーズの観点からマーケティングの定義を始めたのかという論理を明確にしてくれるはずである。

自由に関する議論や論争は多様であり、マーケティングや経営をめぐる議論よりもはるかに意見が激しく対立している。しかし、それは私自身のマーケティングに対するアプローチと経営に対する古森氏のアプローチの両方を理解する上で重要であり、両者を表裏一体として融合する論理となっている。一方には、量的自由がある。「多ければ多いほど良い（the more, the better）」または「ホモ・エコノミクス」を原則としており、当然のことながら経済学者が好む考え方である。他方、質的自由がある。「良ければ良いほど良い（the better, the more）」という原則に基づいており、人は究極的には社会的存在であるという、どちらかというと普遍的な原理を反映している。量的自由は、西欧諸国の経済経営論における支配的な考え方であり、外部からの干渉や強制のない選択の自由に基づいている。質的自由は、望む結果を得たり自由意志に基づいて行動したりするための能力としての自由を重視している。ここで問題点が見えてくる。近代経営理論として一時代を築いたフォーディズム（フォード社が確立した大量生産主義）の論理は、量的自由に組み込まれているが、人を「ユニット」として道具化し、「人間の尊厳」を奪っている。これに対して、質的自由は内省的かつ自己抑制的な自由を支持しており、ソーシャル・エージェントとしての人の自己実現を優先している（Dierksmeier and Pirson, 2010, Sen, 1999）。質的自由は人間の本質を優先しており、「人は倫理的な存在であり、倫理的行為を行い倫理的行為を受けるに値する」（Waytz et al., 2014, p.61）ことを前提としている。人間主義論の領域は、質的自由に支えられているのである。「存在と行動」によって価値ある結果を達成するための能力としての実質的な自由は、外的影響よりも個人の内的能力とケイパビリティへの依存によって、質的アプローチを具体化する（主提唱者：アマルティア・セン、１９９９）。したがって、人間中心のマーケティングは、「倫理的根拠を持ち、参加型で、関係志向型」として特徴づけられる自由への質的アプローチに一致し（Dierksmeier, Pirson, 2010, p.20）、消費者を商品化するのではなく尊重するのである（Varey and Pirson, 2014）。つまり消費者を「精神的で、心や感情を持つ全人的存在」として取り扱うのである（Kotler et al., 2010, p.4）。人間中心のマーケティングは、消費者の永続的幸福を考慮するとともに、生活を向上させ個人的創造性を解放するような交換を生み出すことになる（Varey and Pirson, 2014）。

「古森ウエイ」の説明で強調される人間主義的リーダーシップの原則と同様に、人間中心のマーケティングの中心にあるのは、人間のケイパビリティを自由や幸福として成長させるという考えである。マーケティング3・0はこの原則に基づいており、次章でこのアプローチについて詳述する。問題となっている人間の自由そのものを明確にするために、マーケティング3・0について読み解いていくつもりである。それは、古森氏と私のアプローチが相互に補完的かつ相乗的であることを示すために重要である。さらに我々は、マーケティング3・0とマーケティング4・0、つまりデジタル技術による破壊的イノベーション時代のマーケティングを結びつけ、従業員と外部オーディエンスのために古森氏と富士フイルムによって実践されたアプローチを融合する。次章では、現在の「乱気流の時代」または混沌の時代において、人間主義的マーケティングを駆使した事例として、富士フイルムと古森氏のアプローチについて取り上げる。

CHAPTER 9

Introducing the Kotler-Komori Way

コトラー・古森ウエイの紹介

——フィリップ・コトラー

富士フイルムが実践した第二の創業は、まさにマーケティング3・0とマーケティング4・0のベストプラクティスである。富士フイルムのような会社の存在によって、人間主義的な課題に取り組むためには、新たな形態のマーケティングとイノベーションの必要性が明らかにされる。すなわち、コトラー・古森ウエイという新しい概念だ。ここで取り上げるコトラー・古森ウエイは、21世紀のマーケターのための重要課題であり、マーケティングと国連の持続可能な開発目標（SDGs）を効果的に結びつけるものである。コトラー・古森ウエイは、マーケティング3・0と同様に人間主義的マーケティングを重視し、マーケティング4・0と同様に消費者のカスタマー・ジャーニーのデジタル化を重視する。さらに、コトラー・古森ウエイは、SDGsが本質的に企業理念と結びつくべきであることを明確に示している。まずは、マーケティング3・0とマーケティング4・0の進化を大まかに説明しよう。

準備を怠ることは、失敗を計画しているようなもの
——ベンジャミン・フランクリン

マーケティング3・0

マーケティング3・0とは、「世界をより良くする」という具体的で人間主義的なテーマを掲げた価値重視型アプローチである。これは、単なる顧客満足や顧客維持を目的とするマーケティング2・0や、良い製品を市場に売ることが手段であり終着点であった、製品中心アプローチであるマーケティング1・0とは異なる。残念なことに、いまだにマーケティング2・0やマーケティング1・0のみを実践している会社も多く存在するが、一方では、マーケティング3・0とマーケティング4・0の台頭も見てとれる。今後の持続的な成長戦略やデジタル・マーケティング戦略では、SDGsが「任意」の達成目標ではなく、「必須」の目標になっている。

『マーケティング3・0』で定義している通り、マーケティング3・0では、人々を単なる消費者ではなく、人間主義的な視点から、「マインド、ハート、スピリットを持つ全人的な存在として働きかける」としている（Kotler et al., 2010, p.4）。機能的・感情的な充足から精神的な充足を求める「ヒューマンスピリット・マーケティング」への移行がマーケティング3・0の主な特徴であり、多くの会社が必ずしも社会課題に向けての解決策の提供を目指していない、という問題意識が背後にある。社会、経済、環境の急激な変化や混乱（p.4）がますます過酷な現実となりつつあり、マーケターもイノベーターもこの問題を軽視、無視できなくなってきたこともマーケティング3・0の進化に拍車をかけた。特に、次の3つの動きがマーケティング3・0の成立に役立っている。

第一に、消費者参加の動きである。消費者が作るコンテンツが増大し、会社と市場の協働が盛んになった。第二に、グローバル化のパラドックスの動きである。グローバル化は、全ての市場にあてはまる万能なソリューションにはならないという認識が広まった。そして第三に、創造的社会の動きで、知識をベースにした社会が発展した。これらの動きによって、消費者は「より協働志向、文化志向、精神重視志向」(p.5)へと向かっていった。上述のつながりを理解することにより、協働マーケティング、文化マーケティング、スピリチュアル・マーケティングの融合であるマーケティング3・0が形成されていった。

マーケティング3・0の最初の構成要素となるのが協働マーケティングである。企業が世界を変えたいと思っても、「一人で変えることはできない」(前掲書、p.11)。企業は同じ価値観を共有するステークホルダーと建設的に関わらなければならない。重要なのは、チェスブロウ(2003)のオープン・イノベーション・アプローチにもあるように、こうした種類の協働は「新たなイノベーションの源にもなり得る」(p.11)という点である。協働マーケティングは、社会に受け入れられるイノベーションを協働して生み出すための重要な「起爆剤」になる一方で、このニーズを突き動かすのは「グローバル化のパラドックスの動き」である。「世界の国や人々を開放する一方で、抑圧をもたらす」(p.14)がゆえに、グローバル化はパラドックスなのである。

そこで、文化マーケティングが、マーケティング3・0の2番目の構成要素になる。文化マーケティングでは、地域やコミュニティの問題に対処するにあたり、地域住民にはグローバルな課題を理解させ、同時にマーケターにはグローバルなスキルを活用してもらう。例えば、企業の社会的責任はオプションではなく必須事項であると、マーケターは理解できるようになる。そして、第三の構成要素として挙げた「創造的社会の動き」は、市場のニーズに応えるための解決策を提供する。『マーケティング3・0』(Kotler et al., 2010)で説明している通り、「発展途上国と先進国でクリエイティブな人たちが増えるに従って、内在的なニーズとしての人間性、道徳性、精神性がより重要視される社会に向かう」。そうした社会の思考は自己実現へと向かっていき、自己超越を消費者の包括的なニーズとして位置づけ、マーケティング2・0における従来の快楽的な価値観とは対をなす安寧や幸福感を優先するようになる。

有意義な人生とは良い人生に等しい、ということを示すエビデンスは多数存在する。ポール・ウォンは、次のような興味深い研究を行っている(Wong, 1998)。さまざまな分野の数百人にも及ぶ人たちに、「有意義な人生」または「良い人生」とは何かを尋ねたところ、両者は同義に捉えられていた。つまり、良い人生とは有意義な人生であり、また有意義な人生とは良い人生なのである。また、有意義な人生につながる要素として、(1)幸福感と充足感、(2)やりがいのある事の達成、(3)結婚や家族における親密性、(4)友人や人との良好な関係、(5)自己受容、(6)自己超越または利他主義、(7)宗教、(8)公平または正義、といった8つがあると認識されている。これらの要素は、安寧や幸福感と密接に結びついており、「正義、勇気、優しさ、寛大さ、そして誠実さといった道徳的美徳、さらには知識、知恵、直観といった知的美徳を具現化した人生」をもたらしてくれる（Oliver and Bartsch, 2010, p.31）。ヴィクター・フランクル（１９８５）の研究も注目に値する。フランクルによる倫理的責任の概念化は、道徳的に振る舞うことと意味のある人生を生きることの基盤となっているので、彼の研究は人間主義的マーケティングの哲学的方向性に信頼性を加えている。フランクルの自己超越に関する仮説（Wong, 2016）によると、意味に対する意志は究極的には、自己超越への精神的動機付けの中に存在しており、精神を重視した生き方は、人生や幸福感を高めてくれる。例えば、貧しくても幸せなこともあるし、裕福でも不幸せなこともある。ファブリーは「自己を超えて精神の領域へ昇華することによってはじめて、人間という存在は完全なものになる」（Fabry, 1994, p.19）と表現している。つまり、自己超越は美徳と同じように、他者とのつながりの中で生まれ、神との関係において存在するのである。

その結果、価値主導のマーケティング３・０のアプローチでは、市場はますます「精神的な側面に訴えかける経験やビジネスモデル」を追い求めるようになっていると主張している（Kotler et al., 2010, p.20）。我々は自らの主張の裏付けとして、「精神的な便益は、最も本質的な消費者のニーズであり、おそらくマーケターにとっての最終的な差別化ポイントである」というマリンダ・デイビスによる「人間の欲望に関するプロジェクト」の主張を引用した（p.20）。マーケターは顧客に「心の平和」を提供し、顧客自身の価値や自らが重要な存在であると感じさせることが必要であるとデイビスは強調した。そのため、新しい時代のマーケターにとって、ポジティブ心理学の活用は有効である。なぜなら心の平和を求める気持ちは、人間性そのものと同じ位古くから存在するものであるにも関わらず、現代のマスマーケティングにおける「混乱を来した」マーケターは、幸福というニーズを犠牲にしても快楽的な満足を重視することに罪悪感を覚えるようになってきているからである。スナイダーとロペス（２００７）は、幸福の公式を、幸せ＋意味＝幸福と表している。マーケティングにおける現状に反して、快楽的な満足のみに注目するのは、人類の繁栄の未来にとって持続的であるとは言えない。平和と調和のもとに、長きにわたってこの地球を共有していくのであれば、何かを与えたり、犠牲にしたり、自己を超越する必要がある。

マーケティング３・０では本質的に、消費者を「全人的な存在」（p.35）、つまり肉体、独立した思考と分析が可能なマインド、感情を持った心、そして魂と哲学の真髄である精神、として認識している（Covey, 2004）。また、プラハラッドとクリシュナンによる「新時代のイノベーション」、チェスブロウ（２００３）による「オープンイノベーション」を用いて共創的な共同論を正当化し、21世紀に人類が直面する大きな問題を解決するための社会的イノベーションを生み出すものとしてマーケティングの論理を具体化した。さらにマーケティング３・０では、人間的なマーケティングを内面的に拡大することの必要性を強調し、「人間的なマーケティングの価値を従業員へ訴えることは、消費者に対してその使命を訴えることと同様に重要である」（p.84）としている。マーケティング3・0を達成するには、企業文化も「協働的、文化的、創造的」でなければならず、従業員によって共有されている価値や行動を企業哲学と一致させなければならない（p.84）。そのため、マーケティング3・0では、顧客に変化を起こし、社会の転換をもたらすための力を人々に与えることだけではなく、「従業員に変化を起こし、人々に変化を起こすための力を従業員に与える」（p.80）のである。富士フイルムが重視してきたのは全体論的なビジョンであるが、マーケティング3・0とマーケティング4・0の融合によって、同社のビジョンは実現されている。

マーケティング4・0

マーケティング3・0の人間的論理を引き継いだマーケティング4・0は、「デジタル経済における顧客パスを変える」（Kotler et al. 2017, p.xvi）ため、2017年にカルタジャヤ、セティアワンとともに提唱された。彼らとの共著（前掲書、p.xvii）が記しているように、マーケティング4・0は、人間中心的なマーケティングを深め、広めることで、カスタマー・ジャーニーの全ての側面を網羅している。マーケティング4・0は、マーケティング3・0を具体化し、認知から推奨に至るまでのカスタマー・ジャーニーを通じて、顧客を導くためのロードマップを示している（p.xvi）。このロードマップでは、テクノロジーが進化するスピードを踏まえ、顧客、とりわけネット上の顧客をデジタル・ジャーニーに沿って導く特定のアプローチを必要としている。最終目標は、幸せと意味であることに変わりない。マーケティング4・0の発展に拍車をかけたトレンドは、垂直的、排他的、個別的な地政学的および経済的環境から、水平的、包括的、集団的な環境へのシフトである。このシフトにはIoTが大きく関係している。私たちが現在生活する接続された世界では、新しいアプローチが必要である。

「これらのシフトは、我々の世界を根底から変えている。水平的、包括的、集団的な力が、垂直的、排他的、個別的な力に勝る世界では、顧客コミュニティがこれまで以上に強力になっている。彼らは発言力を持つようになった。大企業や巨大ブランドを恐れることなく、ブランドに関するストーリーや良い評判、悪い評判を積極的に共有するようになったのだ。今やブランドに関するとりとめもない会話の方が、的を絞った広告キャンペーンよりも信用できるようになっている。社会集団が影響力の主な源になっており、外部からのマーケティング・コミュニケーションはもちろん、個人の選好さえ圧倒する力を持っている。どのブランドを選ぶかを決めるとき、顧客は仲間の前例に倣う傾向がある。それはあたかも、顧客が自分たちの社会集団を使って要塞を築くことによって、ブランドの虚偽の主張や広告キャンペーンのごまかしから身を守っているかのようだ」(p. 6-7)。

マーケティング4・0では、「排除することが目標だった時代は終わり、包摂がゲームの新しい名前になった」(p.8) ことを説明している。さらに、排除から包摂へのシフトは複数のレベルで起こっている。

ビジネスもまた、包摂へのシフトに直面している。特に破壊的イノベーションにより、地理的な境界は消滅しつつある。富士フイルムが日本で提供している携帯型X線撮影装置CALNEO Xairは、総重量3・5キロで軽量かつ小型で携帯性に優れ、在宅医療における撮影など、スペースが限られた場所での簡便なX線検査と画像確認をサポートする。まさしく、ヘルスケアの世界を根本的に変える可能性がある。先進国企業が新興国に開発拠点を設け、現地のニーズを基にゼロから開発した製品やサービスを先進国市場に流通、展開させる「リバース・イノベーション」もまた、包摂的な状況への変化を示している。オープン・イノベーションや起業モデルを用いることによって、独立したデジタル・イノベーターたちは、例えば「アマゾンに着想を得たインドのフリップカート・コム、グルーポンに着想を得たインドネシアのディスドゥス、ペイパルに着想を得た中国のアリペイ、およびウーバーに着想を得たマレーシアのグラブ」(Kotler et al., 2017, p.9) のように、巨大ブランドに挑むことが可能になっている。

ミクロレベルでも同様で、主にオンラインで地理的な障害がなくなることにより、消費者にも包摂性が見られるようになっている。しかしながら、「包摂的であるということは、同じようになるということではない。違いがあるにもかかわらず調和して生きるということだ」(p.10) という点を心に留めておかなければならない。インターネット上の百科事典「Wikipedia」や世界の科学者や技術者から解決策を公募できる仕組みを作った「InnoCentive」などのオープン・イノベーション・プラットフォームやクラウドソーシング・プラットフォームは、消費者による包摂性へのシフトを示している。コミュニティの公平性に関連するSDGsの目標11と同様に、包摂的な都市というのは、ダイバーシティとサステナビリティへと向かう、強力な社会的シフトを表している。

マーケティング4・0を後押しする2つ目のトレンドは、グローバル化による「より大きな土俵」において、垂直的なビジネスから水平的なビジネスへシフトしていることである。『マーケティング4・0』(Kotler et al. 2017) では、「最終的には、過剰に他社を支配する企業はなくなるだろう。代わりに、企業が共創のために顧客コミュニティやパートナーと結びつき、コンペティションのために競合相手と結びつくことができれば、その企業はより競争力を持つようになるだろう」と予想しており、これはイノベーションに求められる知識創造の意味合いを有している。企業のR&D部門によってイノベーションが消費者にもたらされるという旧モデルは、「市場がアイデアを出し、企業がそのアイデアを商品化する」(前掲書、p.11) というオープン・イノベーションに取って代わられている。垂直型から水平型へと競争が変化したことにより、かつて高い参入障壁のあったビジネスに、比較的規模の小さい独立型のスタートアップが参入できるようになった。もちろん、インターネットによる流通の効率化も大きく貢献している。また、水平化は消費者のブランドに対する信頼にも影響を与える。『マーケティング4・0』では「近年の業種を超えた研究によると、多くの消費者がマーケティング・コミュニケーションよりもFファクター（Friends：友達、Families：家族、Facebook Fans：フェイスブックのファン、Twitter Followers：ツイッターのフォロワー）を信頼する」（p.12）と説明しており、品位、透明性および真正性に関して、消費者の期待に沿ったブランド・アイデンティティを作り出すことが急務である。これにより、真の関係性を築くという点において、消費者が自分たちの生活において何を重視しているのかという点に我々マーケターは回帰することになる。つまり、マーケティング2・0の段階における主張だけのリレーションシップ・マーケティングでは不十分であり、真正なリレーションシップ・マーケティングこそ、消費者が期待する新たなルールなのである。

マーケティング4・0への移行をもたらした最後のトレンドは、個人から社会もしくは集団へのシフトであった。オンラインのコミュニケーションによって、顧客は不誠実だと考えるブランドを「非難」したり「排除」したりする一方で、斬新で意味のあるブランド体験を「称賛」し「褒める」ことが可能になった。それらはすべてオンライン・レビューとして複数のプラットフォームで共有され、社会的に他者に影響を及ぼすようになった。消費者の個人的な意思決定は過去のものとなり、今後は社会的影響を受けるとともに集団の意思決定が中心となる。『マーケティング4・0』では、「この傾向は続き、地球上の全人類が仮想的につながる日がすぐに来るだろう」と予測した（Kotler et al. 2017, p.13）。「透明性のあるデジタルの世界では、不正を隠したり顧客からの苦情を絶つことは実質的に不可能」（p.14）であるため、消費者はコミュニティ・コンテンツによって主権を勝ち取ることに成功した。この点については、1968年という早い時期に私が詳説した、社会運動の理論から多くを学ぶことができる。社会運動の原動力を理解するには、マインドフルネスのアプローチが必要である。今後のマーケティング担当者は、文字どおり、消費者コミュニティのネットワークに対する責任を意識しなければならない。

これら3つのトレンドが組み合わさり、マーケティング4・0が誕生した。マーケティング4・0は、デジタル・ジャーニーに沿って企業の理念を消費者に伝えるだけでなく、同時に顧客や販売のトランスフォーメーションに結び付いた指標やツールでもある。マーケティング4・0は伝統的なマーケティングを複雑化するものではなく、オフラインでの経験とオンラインでの経験を融合して、ブランド体験の最適化を導出しようとするマーケティングなのだ。

マーケティング4・0のツールのいくつかは、5Aと呼ばれるカスタマー・ジャーニーをガイドするために開発されたものである。Aware（認識）、Appeal（アピール）、Ask（質問）、Act（行動）、そしてAdvocate（推奨）は、自身（own）、他者（others）および外部要因（outer influences）に消費者が影響されることを説明したO3モデルに、「顧客間のつながり、つまり接続性」（前掲書、p.69）を反映したものである。ブランド力を測る様々な尺度とともに、過去のツールでは取り上げられていなかった重要な指標としてAdvocacy（推奨）を盛り込んでいる。この「自身、他者、および外部」という3つの視点は、コトラー・古森ウエイの展開を理解する上において特に重要である。

マーケティング4・0はマーケティング3・0の延長線上に位置し、人間中心的なアプローチの必要性をさらに強調している。将来、企業が消費者を取り込んでイノベーションを共創しようとする場合、企業と市場の境界を取り除くような知識創造の旅が不可欠だ。野中が主張する暗黙知の力の利用と同様に、マーケティング担当者はデジタル人類学、意味形成、あるいは「人間主義とデジタル技術の結び付き」に、より積極的に取り組まなければならない（p.110）。ソーシャル・リスニング、ネット民俗学、共感研究などのテクニックを駆使し、現実世界における消費者の要望を理解し、それらの実現においてはブランドの真正性を利用することになる。

サステナビリティの必要性

今日、サステナビリティに対する新しいアプローチあるいはモデルが求められている。そうした中、富士フイルムの取り組みは他の企業とは一味違う。同社の事例は、いかにイノベーションとマーケティングを共存させ、いかに人間中心のマネジメントにサステナビリティを根付かせ、そして、いかに企業理念が人類の発展、人々の健康の増進、環境保持と結びついているか、について示している。

バーテルとネリッセンによる『サステナビリティのためのマーケティング』には、環境保護派の研究結果やケーススタディが豊富に記されている。この本のプロローグを書いた元国際連合環境計画事務局長クラウス・テプファーは、次のように述べている。

「1992年にリオで開催された地球サミットにおいて、サステナビリティにおける大きな課題の1つとして持続可能な消費が初めて議題に上がった。持続可能な消費とは、経済、社会、環境という三本の柱に基づき、これまでと違った形でより効率的に消費することである。これは、富裕層と貧困層の間に存在するリソースを今までより公平に分配し、地球のリソースが将来の世代のニーズを満たせるようにすることを意味する」

このような問題は決して新しいものではなく、マーケターたちはマーケティング3・0の実践において既に意識していた。具体的には、サステナビリティの行動計画の一環として、各企業は国連のMDGs（Millenium Development Goals）に速やかに貢献すべきであると提案された。MDGsは2000年9月にニューヨークで開かれた国連ミレニアムサミットにおいて、世界のリーダー189人によって採択された。これは、人間と環境が直面している問題への取り組みに関する拘束力のない行動計画として、1992年のリオデジャネイロ地球サミットで採択された「アジェンダ21」を引き継いだものである。MDGsの達成期限が見えてきた2012年、リオ地球サミットから20周年を記念し、新たに「私たちが望む世界」について話し合う「国連の持続可能な開発会議（リオ＋20）」が開催された。様々な関係者が参加する3年にわたる議論の末、2015年、「持続可能な開発のための2030アジェンダ」とともに17の持続可能な開発目標

図表9.1　持続可能な開発目標

出所：国際連合

（SDGs）が、国連総会で193人のメンバーによる満場一致で採択された（**図表9・1**を参照）。

国連が発行したアジェンダ2030の序文には、国連の理念が明確に記されている。

「このアジェンダは、人間、地球、および繁栄のための行動計画である。これはまた、より大きな自由とともに、普遍的な平和の強化を追求するものである。我々は、極貧を含む、あらゆる形態と側面の貧困を撲滅することが最大の地球規模の課題であり、持続可能な開発にとって不可欠な条件であると認識している。すべての国およびすべてのステークホルダーは、協同的なパートナーシップの下で、この計画を実行することになる。我々はまた、貧困と欠乏という名の専制君主から人類を解き放ち、地球を癒し安全にすることを決意した。そして、持続的かつ強靭な道筋に世界を移行させるために、緊急に求められる大胆かつ変革的な手段をとることを決意した。我々はこの共同の旅路に乗り出すにあたり、誰ひとり取り残されることはないと誓う。今日、我々が発表する17の持続可能な開発のための目標（SDGs）と169のターゲットは、この新しい普遍的なアジェンダの規模と野心を示している」

基本となる5つの原則（5Ps－人間：People、地球：Planet、繁栄：Prosperity、平和：Peace、パートナーシップ：Partnership）と結びつけて、このアジェンダは「前例のない範囲と重要性」と「極めて野心的かつ変革的なビジョン」であり、たとえ「大きな課題」が存在していたとしても、希望と「十分な機会と時間」があるとしている。先へと進める前に、5Pについて簡単に説明しておこう。

人間（People）：

このアジェンダでは、全ての人間が平等であると述べ、「誰ひとり取り残さない」ことと全ての人間の尊厳を計画の根底に置いている。貧困の撲滅が強調されているが、女性や子供といった弱い立場の人々についても強調されている。

地球（Planet）：

地球は人類にとっての家庭であり、全ての国と地域が地球の保護に取り組む責任を負う。地球の天然資源を管理し、気候変動を防ぐということは、将来の世代に向けて地球のサステナビリティを維持するために非常に重要である。

繁栄（Prosperity）：

人間のケイパビリティに関するアプローチが、「人間の潜在力を最大限に活かすことのできる平等な機会を実現し、繁栄の共有に貢献できる」ために採択された。経済的発展、社会的発展、技術的発展を全ての人に平等に分配すること、そして、各国の発展状況や能力の違いを考慮に入れた上で、「誰ひとり取り残さない」ことがここでも強調されている。

平和（Peace）：

「平和なくして持続可能な開発は不可能であり、持続可能な開発なくして平和は不可能」であるため、平和的で、包摂的で、公正な社会の必要性が強調されている。ここでは、特に紛争解決と紛争後の平和構築策の「取り組みを強化させる」ことにおいて、国際法の遵守が非常に重要であると考えられている。平和と制度構築においては、女性の役割を促進させることが求められる。

パートナーシップ（Partnership）：

目標の実現にあたっては、全てのステークホルダーと人々のさらなる協力が求められるとともに、各目標の連携の可能性についても言及している。アジェンダの目標を実現するためには、競争ではなく協力へとシフトしていくことが必要不可欠である。

コトラー・古森ウエイの概要

コトラー・古森ウエイのコンセプトは、以下の概要図に示されている。コトラー・古森ウエイの重要な点は、マーケティング、イノベーション、顧客、従業員、リーダーといった企業活動に関わる各集団の境界に、相互に行き来できる穴が開いたようなシステムを取り入れている点である。SDGsを達成するためには、古森氏のような人間中心のリーダーが主導しなければならず、十分な価値を実現するためには社会的イノベーションと社会的マーケティングの最適化が必要である。その点において、富士フイルムの人間中心の考え方は、現代において大きな意味を持つ。例えば、富士フイルムのAI活用に関する考え方は「人間の知能（HI）＋人工知能（AI）」に基づいているが、これは、多くのデータを単に集めるだけでなく、限られたデータからでも目的とする情報を読み解くインサイトがあれば、価値あるAIを作り出せるという考えだ。人間中心の原則をもとに社会的調和を促す企業文化を醸成することができれば、破壊的イノ

図表9.2　コトラー・古森ウエイの概要

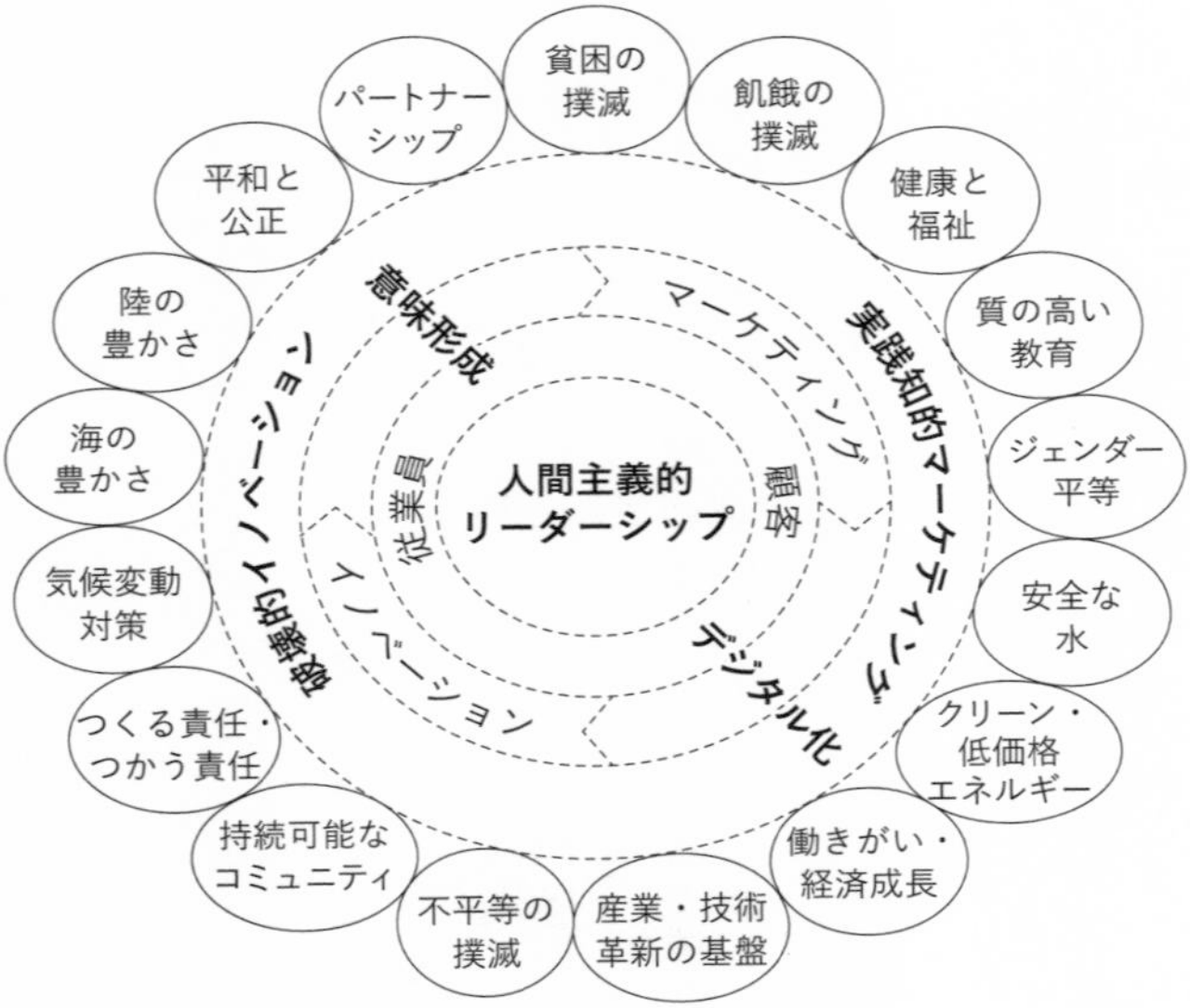

ベーションとそれに伴う知識に基づいたマーケティングが標準的に行われるようになる。第5章で詳しく述べたが、知識に基づいたマーケティングでは、企業リーダーによる人間中心の価値観が、従業員、顧客、市場に至るさまざまな段階に広げられる。イノベーターやマーケターは、人間と地球が直面している大きな問題に対処するために、センスメイキング（意味形成：共通の経験に対して意味付けを行うプロセス）を受け入れる必要がある。本書で繰り返し述べている通り、企業はSDGsを企業目標の一部として受け入れなければならない。企業が取れる選択肢は、問題の原因を作り出す側か解決策を提示する側のどちらかしかな

い。コトラー・古森ウエイでは、企業に対し、ＳＤＧｓの深い掘り下げとともに、ＳＤＧｓでは認識されていない新たな問題の発見を促している。

次章では、富士フイルムのＣＳＲ計画（Sustainable Value Plan 2030）を詳細に取り上げ、目標の達成に向けてどのように対応を進めているかについて検討する。破壊的な社会変革を引き起こすとともに、特に医療、働き方、社会において私たちがＳＤＧｓを達成する上で、富士フイルムの事例から学べることは何だろうか。富士フイルムでは、社会に役立つという企業理念の実現のために、多数の事業活動が行われている。知識創造のプロセスは、オープンイノベーション・プラットフォームに相通じている（Chesbrough, 2003）。この空間的な「場」、すなわち創造のための共同空間は、野中氏らが最初に提唱したとおり、組織の境界を越えて拡大することができる。

しかし、この「場」を作り出すには、従業員による特有のマインドセットが必要になる。すべての組織と従業員が、必ずしも他の従業員、顧客、あるいは市場に対して共感しているわけではない。それだけに、共感を醸成するための空間作りは、従業員が最大限のケイパビリティを発揮するために不可欠である。従業員は単独で働くわけではない。チーム力や創造力を養う研修はすぐれた手段ではあるものの、それらの研修では、従業員の心と心をつなぐ絆として、社会的協調の確立に重点を置いていないことが多い。古森氏のビジネス五体論の実践と富士フイルムのトランスフォーメーションは、高度な意味形成が効果的な経営手法であることを実証している。富士フイルムが現在そうであるように、従業員一人ひとりをイノベーションの推進者に育てるには、社会的協調と共感の文化を社内に醸成する必要がある。従業員に人としての本質を再認識させることで、社会変革能力の養成で求められる知識の共創が促される。二重の意味形成手法と、強みと強みを掛け合わせる論理により、組織レベルと市場レベルで、個人のケイパビリティを引き上げていくことになる。

このプロセスの中心にあるのは、人間的なリーダーシップである。必要な変化を想像し、計画し、推進するリーダーシップがなければ、組織は外的影響にとらわれるおそれがある。古森氏のアプローチは、人間的なリーダーシップの証として単に実践知を備えることの価値だけでなく、企業の再設計を通じて、社内外のステークホルダーに実践知を組み込むことの価値も示している。「人のパフォーマンスは、その人が有する人間力の総和だ」という古森氏のビジネス五体論は、富士フイルムが組織全体で第二の創業を成し遂げる基礎となり、現在の「Never Stop」キャンペーンへと結びついている。

古森氏はイノベーションとリノベーションのバランスをとっている。イノベーションとコーポレート・アイデンティティの変更、つまりリポジショニング戦略は、1枚のコインの裏表として見られる。組織の軌道修正における要所要所において、従業員にも外部ステークホルダーにもリポジショニングがもたらされる。そのため、コミュニケーションが不可欠である。企業の中で、イノベーションが多発的に起こり革新的なエネルギーが生み出されると、企業の中核能力が変化する。これらの変容は、中核能力だけでなく、企業の存在の本質、つまりアイデンティティも再構築される可能性が高い。企業の従業員が実践知に必要なケイパビリティを獲得すると、他者に対する健全な理解が育まれるため、彼らは必然的に他人のアイデアに対してオープンな姿勢をとるようになる。閉鎖的な思考の問題が消滅し、マーケティングとイノベーションが共存しながら相互補完すると、正のスパイラルが醸成される。富士フイルムにおいては、イノベーションとともにアイデンティティの再構築を実現した。

富士フイルムは２００６年、持株会社制に移行する際に社名を富士写真フイルムから富士フイルムへと変更した。さらに、80周年を記念し、コーポレートスローガンとして「Value from Innovation」を掲げることにより、同社の中核的なアイデンティティをリポジショニングした。第10章で取り上げるNever Stopキャンペーンから分かるように、現在、同社のリノベーションは最も意欲的なレベルに到達している。リーダーによる実践知のスキルが従業員に伝わり、その後、顧客にまで伝わっている。トータルヘルスケアカンパニーとして、今やこの実践知を世界中に伝達し、人類が直面する重大な課題を解決することを目指している。

古森氏が２０１４年の年始に従業員に宛てたメッセージを見ると、古森氏がどのように組織の将来に向けての自らのビジョンを組織の中枢である従業員に伝え、全面的なコミットメントと支援を促したかが分かる。このようなマーケティング・コミュニケーションがなければ、組織アイデンティティの転換は成し遂げられない。実践知は結局のところ、人間的なリーダーシップに依存する。古森氏と富士フイルムの物語を見ると、実践知が時間と共に社内外のステークホルダーにどのように伝播したかが分かる。

「本年1月20日に、富士フイルムホールディングスは80周年を迎える。

フィルムの国産化を目指して出発した、1934年の創業以来の歴史を振り返ると、初期の技術開発の苦労、写真フィルムの関税自由化、1970年代初期のオイルショック、銀価格の高騰など幾多の困難が思い起こされる。そして当社は、その困難を乗り越えるたび、企業として大きく飛躍してきた。独自に技術力・商品力を高め、幅広い分野に事業を拡大してきたことが現在のわれわれの基盤となっている。X線画像診断のデジタル化を実現した「FCR」や、世界初のフルデジタルカメラ「DS－1P」の開発など、富士フイルムの歴史は、技術で新しい時代を切り拓いてきたイノベーションと創造性の連続だったといえる。富士フイルムには、イノベーターとしてのDNAが備わっている。

21世紀に入ると、デジタル化の大波がわれわれを襲ったが、経営の決断と、諸先輩やわれわれ自身が築き上げてきた企業としての地力、すなわち高い技術力や財務力、そして人材力をもって、我々は富士フイルムのトランスフォーメーションを成し遂げ、今もさらなる成長を目指して前進している。中長期的な成長のために行ってきた先行投資は、成果をもたらす兆しが見えている。これまで共に取り組んできてくれた世界中の従業員の多大な努力に対して、あらためて感謝したい。

80周年を迎えるにあたって、新たなコーポレートスローガン「Value from Innovation」を定めた。これは当社が、革新的な技術・製品・サービスを顧客に提供し続けるとともに、われわれ自身が社内外の知恵や技術を広く集め、イノベーションを起こしていくという宣言でもある。

再生医療分野におけるイノベーションやICT（インフォメーション&コミュニケーションテクノロジー）の進歩など、社会では従来の延長線上では測れない飛躍が生まれている。これまで解決できなかった医療のニーズに、全く新しいソリューションが提供されるかもしれない。また、膨大な情報が入手可能となり、それらを処理するコストが大幅に削減される中で、情報の利活用の巧拙は企業競争力の主要な要因となっている。

われわれには、やるべきことがある。

不断のイノベーションを通じて、富士フイルム・グループを将来にわたって成長し続けるとともに、社会に対して常に新しい価値を提供し続ける会社にしていかなければならない。各部門の一人ひとりの従業員が創意工夫をもって自分自身の役割を果たし、顧客のニーズに向き合わなければならない。われわれは変化を恐れず、大胆に挑戦し続ける。変化は、それを正面から受け止める者にとって、絶好の機会となる」

従業員と顧客との間でアイデアと知識が自由に交換されるようになると、イノベーション・マーケティング・サイクルが回り出し、ＳＤＧｓの達成に必要な破壊的イノベーションが促進される。もちろん、これは簡単に実践できるものではない。このことは、ディファレンス・メーカーを目指す組織にとっても同じである（Waddock, 2017）。格差拡大や気候変動の深刻化など、社会の混乱が深刻で拡大しつつある今日、組織も姿勢を打ち出さなければならない。人間らしさを最大限に表現し、長期的視点に立ち、人々の精神と本質のすべてを保証するという姿勢であり、我々人類全員が直面する最後の未開拓地とも言える、人、祖国、そして共生する者の幸福に向けられる姿勢である。私は特に、意味形成をデジタル化の浸透を通じた活動とみなしている。クリスチャン・マスビアウは、デジタル化が人間性を犠牲にして拡大していることを懸念している。「ビッグデータからの抽出にばかりに気を取られていて、現実を説明する他の枠組みが陳腐化する」という懸念である（Madsbjerg 2017, p.12）。富士フイルムの人間中心の考え方が目指す方向は、そうした状況ではないことを保証する。富士フイルムの従業員は、「人間の知能（ＨＩ）＋人工知能（ＡＩ）」の考えに基づき、人間の知恵を基にデータを読み解くことを実践している。富士フイルムが目指しているのは、社会課題を解決する次世代ＡＩ技術の開発である。

CHAPTER 10

Fujifilm's Vision

富士フイルムのビジョン

――古森重隆

歴史上、イノベーションがこれほど短期間に多くの者に多くの可能性を提供したことはない。
——ビル・ゲイツ

富士フイルム・グループの原点には、自然からの恩恵に対する感謝とお客様からの信頼がある。写真フイルムの製造には、豊富な良質の水ときれいな空気が不可欠である。また、アナログ時代のフィルムは、カメラで撮影した後に写真を現像するまではその出来栄えが分からなかった。従って、顧客は富士フイルムの製品なら安心だという信頼を持って、フィルムを買うことになる。そのため、我々はフィルムが「信頼を買っていただく製品」であることを認識し、高度な自社技術に裏付けられた確かな価値を世に届けることで、その信頼に応えることを大切にしてきた。これらを背景に、写真フィルムで培ったコア技術を礎にビジネスを多角化した今も、環境保全とステークホルダーからの信頼が富士フイルムの事業活動の根底にあり、これが当社のDNAとなっている。今日、社会課題の解決のために、我々が持てる技術とサービスを駆使して社会に価値を提供するという理念を掲げるのもこのDNAに通じる。

翻って現代社会には、世界規模の課題が山積している。世界各地で起こる大災害のニュースは途絶えることがない。人口急増や経済活動の急激な拡大が気候変動の誘因となり、自然災害による被害を増幅させていると感じざるを得ない。気候変動を抑制し、災害に対する強靭性、適応力をいかに強化するか。ＳＤＧｓの一つに、「気候変動への対策」が挙げられているが、まさに人智を結集すべき課題といえる。一方、グローバルな政治、経済の面でも課題が山積しており、ここでも互いに知恵を出し、歩み寄ることが求められる。今、必要とされているのは、長期的視点に立ち、事業活動を通して社会に役立つ責任ある企業だ。富士フイルムは、全世界で事業を展開するグローバル企業として、ＳＤＧｓで掲げられた目標に向けた取り組みを進めている。

富士フイルムがＳＤＧｓに向けた取り組みを進める素地は、デジタル危機直後の２０００年代後半から着実に醸成されてきた。本章では、それらの取り組みを紹介しつつ、我々の未来にかける思いを語りたい。

確かな企業理念と規範のもとに

富士フイルム・グループは、２００６年に、現在の企業理念とビジョンを制定した。オープン、フェア、クリアな企業風土と先進・独自の技術により最高品質の製品とサービスを提供することで、社会の発展、健康増進、環境保全、人々の生活の質の向上に貢献することを目指し、全グループ会社に適用する企業行動憲章、行動規範を定め、グループ全社で徹底している。

富士フイルム・グループは、２０１４年に、新コーポレート・スローガン「Value from

Innovation」を制定し、さらに、2019年4月には、変化する社会要請や富士フイルム・グループの果たすべき役割と責任を反映し、企業行動憲章と行動規範を改訂した。企業行動憲章では、6つの原則（①信頼される企業である、②社会への責任を果たす、③あらゆる人権を尊重する、④地球環境を守る、⑤従業員が生き生きと働く、⑥様々な危機に備える）に基づいて事業活動を展開し、イノベーションを通じて持続可能な社会の実現に向けて行動することを掲げている。さらに富士フイルム・グループの全従業員が日々の業務の中でCSRを意識し実践できるよう、「誠実かつ公正な事業活動を通じて企業理念を実践することにより、社会の持続可能な発展に貢献する」という、「CSRの考え方」を明確にしている。

リポジショニング——フィルムからValue from Innovationへ

2007年以降、富士フイルムでは「世界は、ひとつずつ変えることができる」という企業広告を展開して、主に国内市場において自社のリポジショニングを積極的に行ってきた。写真やデジタルカメラといったイメージが強い当社が、先進独自の高い技術により、多彩な分野で事業を展開していること、および「技術によって社会に貢献していきたい」というメッセージを伝えている。ユニークなのは、本テレビCMに、当社従業員が登場し、その思いをナレーションで語っていることだ。このブランディング・キャンペーンのイントロダクションには、次のステートメントがある。


その技術は、世界をひとつずつ変えることができるか。

その技術は、世の中に新しい幸せを届けることができるか。

富士フイルムには、自分たちに課した、厳しくも熱い思いがあります。

時代は簡単に変えられるものではなく、ひとつひとつの技術を積み重ねて、変えていくしかない。

世の中に貢献するものとは、きっと、そうした着実な歩みから、生み出されていくもの。

写真の技術を応用して、あらゆる分野へ。

富士フイルムとあなたの接点は、ひとつではありません。

世界のどこにもない独自の技術で、多くの人々を幸せにする。

ひとつひとつの技術に、人間への思いを込めて。

世界は、ひとつずつ変えることができる。


あるシリーズでは、「この会社で乳がんと闘うとは思ってもみなかった」「カメラが好きで就職した」など実際に研究員が感じていたことや、「もっと検診を受けてほしい」「内視鏡が嫌いな人をなくしたい」という思いを伝えている。研究者の思いから生まれた技術が、革新的なソリューションとなり、暮らしを、そして世界を変えていく。この「世界は、ひとつずつ変えることができる」の取り組みを、コトラー教授は、人間主義的マーケティングの一端というが、従業員一人ひとりの思いが、具体的なアイデアやアクションにつながり、そのアクションが点から面へと展開され、大きなうねりとなり、価値をもたらすという考えは、当社の存在意義を下支えする基盤となるものだ。

一連の企業広告は、富士フイルムがヘルスケア領域をはじめとする写真以外の領域に技術を拡大したことを消費者に知ってもらうために非常に重要であった。これらの広告に込めた当社のメッセージは、当社が写真技術を応用してより多くの領域に進出し、人々の生活に新しい方法で触れようとしていることであった。すなわち、人々の役に立つ価値を提供したい、そしてもちろん、世界を変えたいという願いから、他にはない技術が生まれたことである。写真フィルムが当社のビジネスの中心であった時代は、写真フィルムという大きな柱が、富士フイルムの屋台骨を支えていた。しかし、21世紀の現代では、感光材料のような一つの技術で、大きな産業を生み出すことは難しい。我々は、多くの技術を開発し、新たな事業を次々と育てていかねばならないのだ。

長期的なサステナビリティ・プランの策定

富士フイルムは、創業以来、積極的に環境保全活動や各種CSR活動を展開してきたが、2006年に富士フイルムホールディングス株式会社を設立した直後の2007年、全社を横断した中期視点のCSR計画を策定した。「世界は、ひとつずつ変えることができる」のキャンペーンが始まった時期とほぼ同じである。その後、ビジネスのグローバル展開の加速による事業環境の変化や、ステークホルダーからの要請の変化に迅速に対応すべく、中期CSR計画のコンセプトを変化させてきた。**図表10・1**から分かる通り、2007年当初はコンプライアンスや環境負荷低減が軸であったが、徐々に活動が広がり、今では事業活動全体を通したより包括的な視点で、長期的かつ能動的に社会課題の解決に寄与することを目指している。

コーポレート・スローガン「Value from Innovation」の下、社会課題を認識し、より積極的にその課題解決に貢献していくことを示すため、「事業を通じた社会課題の解決」を目標に掲げた中期CSR計画「Sustainable Value Plan 2016（SVP2016）」と、それを実現するための具体的な行動計画となる中期経営計画「VISION2016」を策定した。2014〜2016年度の3年間は、「SVP2016」と「VISION2016」という2つの中期計画をリンクさせることで、社会課題解決への貢献と事業の成長をともに達成することを目指した。CSR

図表10.1　富士フイルムのCSR計画の変遷

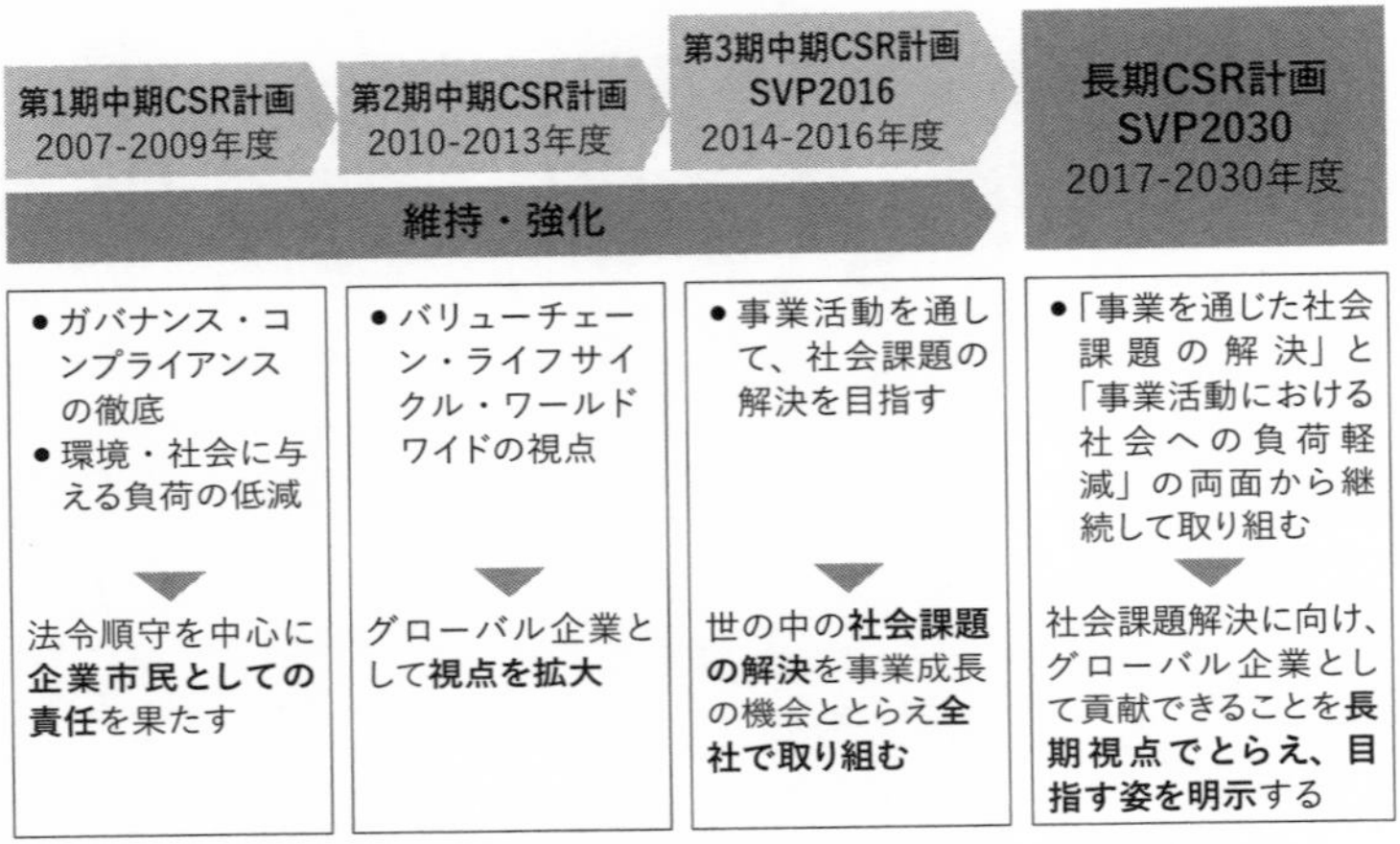

第1期中期CSR計画 2007-2009年度	第2期中期CSR計画 2010-2013年度	第3期中期CSR計画 SVP2016 2014-2016年度	長期CSR計画 SVP2030 2017-2030年度
維持・強化 →			
● ガバナンス・コンプライアンスの徹底 ● 環境・社会に与える負荷の低減	● バリューチェーン・ライフサイクル・ワールドワイドの視点	● 事業活動を通して、社会課題の解決を目指す	● 「事業を通じた社会課題の解決」と「事業活動における社会への負荷軽減」の両面から継続して取り組む
▼	▼	▼	
法令順守を中心に企業市民としての責任を果たす	グローバル企業として視点を拡大	世の中の社会課題の解決を事業成長の機会ととらえ全社で取り組む	社会課題解決に向け、グローバル企業として貢献できることを長期視点でとらえ、目指す姿を明示する

を法令順守という受け身ではなく社会課題の解決と事業成長の機会ととらえ、「事業を通じた社会課題の解決」という目標を明確に宣言したその姿勢は、社外のステークホルダーからも高く評価された。

続く２０１７年に発表したのが、長期ＣＳＲ計画「Sustainable Value Plan 2030（ＳＶＰ２０３０）」だ。ＳＶＰ２０３０は持続可能な社会の実現に貢献するために、長期的に富士フイルム・グループが目指す姿を示したもので、２０３０年をゴールとする「持続可能な開発目標（ＳＤＧｓ）」に沿って、目標年度を２０３０年度とした。ＳＤＧｓやパリ協定などで提起されている社会課題の解決を、「事業成長の機会」と位置付け、取り組んでいる。現在の事業の成長を加速させるだけではなく、特に大きな社会課題であるアンメット・メディカル・ニーズに対応するヘルスケア領域、環境課題解決に貢献する高機能材料などについては、将来の富士フイルム・グループを牽引する事業へと成長させるべく、経営資源を投入し、さらなる飛躍を目指している。

長期計画の策定にあたっては、目標設定の発想を転換し、それまでのフォアキャスティング（積み上げ方式）ではなく、未来のあるべき姿から落とし込んだバックキャスティングによる目標設定を行い、よりチャレンジングな施策も取り入れている。

ＳＶＰ２０３０では、グローバル企業として富士フイルムが果たすべき社会的責任を明確にするため、ＳＤＧｓ達成に向けて大きく貢献できる目標を17の中から10個特定し、具体的な取り組みを目標に盛り込んでいる。

さらに、「環境」「健康」「生活」「働き方」の各分野の中で、「事業を通じた社会課題の解決」（機会）と「事業プロセスにおける環境・社会への配慮」（リスク）の両面の影響を考慮している。例えば、「環境」の「1．気候変動への対応」では、当社グループの事業活動によるＣＯ$_2$排出量の削減とともに、環境性能に優れた製品とサービスを開発、普及させることで、社会におけるＣＯ$_2$排出量も削減できるとして、機会とリスクの両面からの目標を掲げている。加えて、サプライチェーン全体にわたる環境、倫理、人権などのＣＳＲ基盤強化と、オープン、フェア、クリアな企業風土のさらなる浸透を目指すガバナンス強化を盛り込み、企業活動全体で取り組む6分野、15重点課題を設定した。ＳＶＰ２０３０の全体像と6分野、15重点課題は、**図表10・2**と**図**

図表10.2　富士フイルム「Sustainable Value Plan 2030」全体像

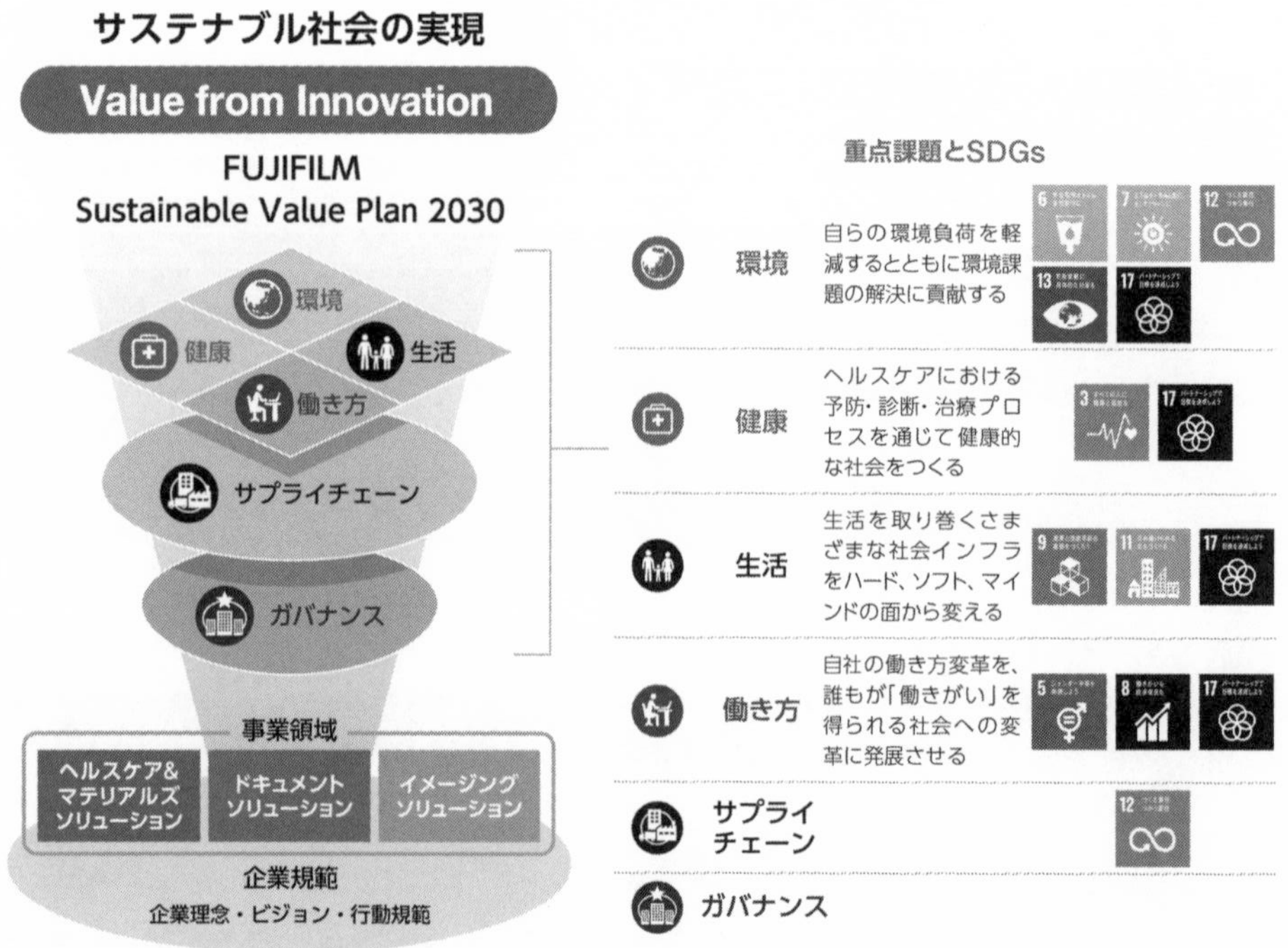

図表10.3　SVP2030重点分野/重点課題

重点分野	重点課題	事業プロセスにおける環境・社会への配慮 負荷（リスク）	事業を通じた社会課題の解決 貢献（機会）	富士フイルムグループが貢献するSDGsの目標
環境	1. 気候変動への対応	●	●	6, 7, 12, 13, 17
	2. 資源循環の促進	●	●	
	3. 脱炭素社会の実現を目指したエネルギー問題への対応		●	
	4. 製品・化学物質の安全確保	●	●	
健康	1. アンメットメディカルニーズへの対応		●	3, 17
	2. 医療サービスへのアクセス向上		●	
	3. 疾病の早期発見への貢献		●	
	4. 健康増進、美への貢献		●	
	5. 健康経営の推進	●（従業員）		
生活	1. 安全、安心な社会づくりへの貢献		●	9, 11, 17
	2. 心の豊かさ、人々のつながりへの貢献		●	
働き方	1. 働きがいにつながる環境づくり（ソリューション・サービス提供）	●（従業員）	●	5, 8, 17
	2. 多様な人材の育成と活用	●（従業員）		

事業活動の基盤

サプライチェーン	環境・倫理・人権等のCSR基盤をサプライチェーン全体にわたり強化する	12
ガバナンス	オープン、フェア、クリアな企業風土のさらなる浸透により、ガバナンス体制を改善・堅持する	

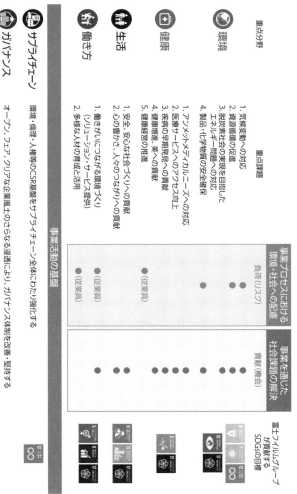

表10・3に示されている。

SVP2030で掲げている長期目標は、単に理想を並べた「絵に描いた目標」ではなく、グループの全従業員が実感を持って取り組めることを重視した。策定にあたっては、CSR担当部門が全事業部門のトップにヒアリングし、各事業がどのような社会課題の解決に寄与できるか、目指す姿を考え、突っ込んだ議論をして目標を定めた。そうした議論が進むにつれ、現在の事業活動を基点に考える従来の「インサイドアウト」の視点から、「社会課題」を基点に、事業のあるべき姿、製品、サービスを考えていくという「アウトサイドイン」の発想へと変わり、それまでとは違うアイデアも出てきた。可能なことの積み上げではなく、あるべき姿からチャレンジングな施策をイノベーティブに発想する。こういう社会をつくりたいから、こういう製品が欲しい、そのためにはこんな技術が必要、といったように目指す姿に向かって他社に先んじて技術開発し、社会の変革をリードする会社となる。そして、社会、会社、事業がともに成長していく。そのような意識で、各事業の各現場の従業員一人ひとりが自らの課題に落とし込み、達成に向けて取り組んでいる。

脱炭素社会の実現に向けて

SVP2030の重点課題のひとつ、「環境」の取り組みについて紹介しよう。

富士フイルム・グループでは「持続的な発展」を達成するため、環境面でも先進企業になることを目指し、世界の全グループ会社が環境課題に取り組んでいる。生産活動により生じる環境負荷低減はもとより、お客様先での使用や廃棄に至るまでの製品ライフサイクル全体を対象とし、CO_2排出削減、水をはじめとした資源の有効利用を進めている。また、社会全体での環境負荷低減に貢献するために、省エネ、省資源効果の高い製品とサービスを提供するとともに、研究開発においても、エネルギー問題などの環境課題を解決すべく新たな技術開発に取り組んでいる。

「SVP2030」では、「2030年度までに当社グループによるCO_2排出量を2013年度比45％削減する」、そして「CO_2削減効果の高い当社製品やサービスをお客様に使っていただくことで、社会全体でのCO_2排出量を9000万トン削減することに貢献する」を目標に掲げており、富士フイルムグループがライフサイクル全体で排出するCO_2の累積量と同等レベルのCO_2を社会から削減することを目指している。2030年度までにCO_2排出量を2013年比45％削減するという目標は、2020年7月に国際的な環境イニシアチブである「Science Based Target（SBT）イニシアチブ」によって、パリ協定の「2℃目標」を達成するための科学的根拠に基づいた目標としてWB2℃（well below 2℃、2℃を十分に下回る）認定を取得した。

社会全体でのCO_2排出削減目標を下支えしているのは、当社の省エネルギー製品だ。代表例として、省エネルギーで大容量データをバックアップ・アーカイブできる磁気テープ・ストレージ・メディアがある。自社開発で提供しているこの磁気テープは、制御回路以外は常に稼動する必要性がないため、バックアップ実行時にしか大きな電力を使用しない。そのため、ハードディスクと比較して消費電力がかからない効率の良いシステムであり、事業を通じた社会課題解決に向けたアプローチのひとつだ。

再生可能エネルギーへの転換でも新たな挑戦を続けている。２０１９年1月に設定した目標で、２０３０年度に購入電力の50%、２０５０年度にはすべての購入電力を再生可能エネルギーに転換することを目指している。さらに、高温の蒸気と電力を同時に発生させるコジェネレーション自家発電システムで使用する燃料を水素燃料に転換するなど、新たな技術を取り入れ、当社が使用するすべてのエネルギーでCO_2排出量ゼロを目指す計画を提示した。この取り組みの一環として２０１９年、グローバルな事業活動で使用する電力を１００%再生可能エネルギーとすることを目指す国際的なイニシアチブ「ＲＥ１００」に加盟した。[4] 製造工程で高温の熱を必要とするメーカーがとるべき脱炭素化へのアプローチを社会に提示することで、脱炭素化社会の実現をリードしていきたい。

予防、診断、治療プロセスで健康な社会をつくる

次に、「健康」は言うまでもなく重要なテーマだが、アンメット・メディカル・ニーズ、医療

の格差、医師不足、医師負担の増加、医療費の高騰など、多くの課題がある。富士フイルムは、創業わずか2年後の1936年にレントゲンフィルムの発売を開始して以降、診断の領域でソリューションを提供してきた。現在はトータルヘルスカンパニーを目指し、「予防、診断、治療」領域まで幅広く事業を手がけている。これらの事業活動を通して、SDGsの目標3「あらゆる年齢のすべての人々の健康的な生活を確保し、福祉を推進する」達成への貢献を目指している。

第一に、有効な治療薬として期待されるバイオ医薬品普及の取り組みがある。バイオ医薬品は、副作用が少なく高い効能が期待できることから、製薬市場全体でのシェアが伸びている。第5章でも紹介したように、富士フイルム・グループは、写真事業で培った生産や品質管理の技術を生かし、バイオ医薬品のCDMO事業（Contract, development & manufacturing organization）を推進している。自社の技術と知見を活かし、バイオ医薬品の生産能力増強や高生産性技術の開発を進めることで、顧客の新薬創出をサポートしていく。

「健康」にかかわるヘルスケアの領域は、非常にニーズが大きく、21世紀における極めて重要な産業分野だ。世の中にあふれる解決されていないアンメット・メディカル・ニーズへの対応には、当社が幅広い分野の製品開発で培った、ナノテクノロジー、解析技術、合成技術、生産技術、品質技術など広範な独自の技術、異業種ならではの発想、さらにグループ会社の技術を結集することで、画期的で新しい価値を創出できると確信している。

医療サービスへのアクセス向上にも積極的に取り組んでいる。急速な高齢化が進む日本や、人口増加と経済成長が進む新興国では、医療需要が増加し、医師や看護師などの人材不足と過酷な労働環境、医療サービスの地域間格差が課題になっている。また、遠隔地や島嶼部でも医療環境が整備できるよう、医療格差の改善を目指し、電力供給が不安定な地域で使える発電機内蔵のＸ線画像診断システム、小型堅牢な携帯型超音波診断機器の普及、遠隔地と診断拠点をつなぐ医療ＩＴシステムの開発などを進めている。２０１９年８月に開催された第７回アフリカ開発会議（ＴＩＣＡＤ７）でこれらを紹介したところ、来場者から高い関心が寄せられた。

同じく医療サービスのアクセス向上の面から、感染症診断システムの開発と普及にも取り組んでいる。ＳＤＧｓのターゲット３・３にあるように、国際社会は「２０３０年までに、エイズ、結核、マラリアおよび顧みられない熱帯病といった伝染病を根絶するとともに、肝炎、水系感染症、およびその他の感染症に対処する」ことを目指している。富士フイルムは、ＨＩＶ陽性患者向けに、尿を検体に用いて結核を検出する、迅速診断キット[5]を開発した。アフリカや東南アジアなど開発途上国での罹患者が多い結核は、その伝播力と医療コストの大きさによって、開発途上国の社会活動や経済活動に深刻な影響を与えている。本キットは、当社が写真現像技術で培った「銀塩増幅技術」を応用していることが特長だ。電力供給などのインフラが安定していない開発途上国向けに、電源や機器が不要な仕様になっており、開発途上国が抱える社会課題の解決に向けた富士フイルムの取り組みの一例である。

ＮＥＶＥＲ ＳＴＯＰ――終わりなき挑戦のストーリー

前章までに触れているが、２０１８年10月、富士フイルムは、新たなグローバル・ブランディング・キャンペーン「ＮＥＶＥＲ ＳＴＯＰ」をスタートさせた。当社の多岐にわたる事業領域や挑戦し続ける企業姿勢を広く世界に訴えるため、米国、欧州、中国、東南アジアで、テレビＣＭ、新聞広告、雑誌広告などを展開している。富士フイルムが写真中心の会社から業態転換に成功し、幅広い分野で先進独自の技術で新たな価値を提供しながら、さまざまな社会課題の解決に貢献しており、「常に成長する企業であるために、絶えず向上、前進し続ける」というメッセージを伝えている。それは同時に、社会がパーフェクトな場所になるまで、社会の課題解決に挑戦し続けるということでもある。

２兆円規模の売上があった企業が、その主力事業の大半を失ったにもかかわらず、業態転換に成功し、さらに規模を拡大しながら生き残ることができたという事実を世界中の多くの人に知っていただきたい。ＮＥＶＥＲ ＳＴＯＰは、富士フイルムのこれまでの歴史を物語るものだ。写真フィルム全盛期に競合他社と競争しつつ、自力のイノベーションで進化を探求し続けた結果、世界市場でシェアを獲得し大きな成長を実現した。デジタル創成期には、他社に先んじてイノベーションを世に送り出している。２０００年代、デジタル化の進展とともに写真フィルム需要が

図表10.4 「NEVER STOP」キャンペーンのテレビCMコンテ

急激に減少したにもかかわらず、その脅威を機会に転換した。そして、現在、先進独自の技術でイノベーティブな製品とサービスを開発することにより、社会に貢献し続けている。このような不断の歩みをNEVER STOPと表現している。

富士フイルムは、写真フィルムなどで培い、さらに進化させてきた技術を応用し、新たな事業領域に挑戦してきた。そして、常に成長し続ける企業であるために、絶えず向上し前進し続ける。

企業は、利益を追求するだけでなく、優れた価値を持つ製品やサービスの提供を通じて、社会に貢献する存在であるべきだ。社会に対して価値を提供できず、役割を果たせない企業は、その寿命を終える。企業は、その企業理念を実現するために最適なvehicle（伝達手段）となり、目的を達成するために最適な組織構造を持つ。先にも述べたが、企業は、様々な機能や人材、技術や資金などを備えた、極めて機能的、合理的で合目的的な、社会で最も優れた組織だ。研究開発、生産、営業、マーケティング、経理、人事などそれぞれの機能とリソースを有機的に組み合わせ、社会へ価値を提供し続けるのである。

富士フイルムの使命は、社会に新たな価値を提供し、社会課題を解決することだ。

富士フイルム・グループの事業全てが、社会にとって価値をもたらすものであり、従業員一人ひとりが、仕事を通じて社会に貢献することができる、と自信を持って取り組み、さらによりよい社会を実現するには何をすればよいのかを考えて行動する。そうした一人ひとりのアクションが、SVP2030で掲げる社会課題解決の実現につながると私は信じている。

挑戦だけが未来をつくる。

自分たちの未来を自分たちの手で切り拓き、社会に素晴らしい価値を提供する。それがデジタル化による破壊を乗り越えた富士フイルムが今、目指すことだ。

〈注〉

4 RE100は気候変動対策を推進する国際NPO「The Climate Group」が、企業に環境影響の情報開示・管理を促す国際NPO「CDP」とのパートナーシップの下に運営するもので、2019年12月現在、200社以上が加盟している。

5 2020年8月現在、開発途上国への供給に向けて、WHOの推奨を取得するための臨床評価を各国の研究機関にて実施中。

CHAPTER 11

Conclusion

結論

――フィリップ・コトラー

人を愛すると、今より良くなろうと努力する。
今より良くなろうと努力すれば、
周囲を取り巻く世界も良くなっていく。
――パウロ・コエーリョ

マーケティングとイノベーションは、別個の独立したものと見なすべきではない。富士フイルムの事例から見えてくるのは、その両方が企業のマネジメント活動に組み入れられ、相互に作用しながら組織のケイパビリティの底上げにつながるということだ。富士フイルムウエイが示しているように、マーケティングとイノベーションは切り離すべきものではなく、一体化されるべきものだ。イノベーションの概念化は、それが市場にどのような価値をもたらすかという観点に基づくため、本質的に市場志向となる。イノベーションをマーケティングの視点から考えず、単なる技術の進歩と見なすことに対し警鐘をならしたのはクレイトン・クリステンセンである。イノベーションの源泉だけでなく、イノベーションの範囲や進化も、マーケティングの視点から見るべきである。ここで登場するのがリノベーションの考え方である。ある革新的な企業は、一定程度成長点に達したとき、自らのアイデンティティを根本から見直したり、あるいはさらなる成長のために、アイデンティティを変更したりする必要性に迫られる。このようなアイデンティティのリポジショニングは、イノベーションの価値を最大化する上で不可欠である。また、有意義な対話を通じて、内部および外部のステークホルダーを説得することは、イノベーションの創出にとって不可欠である。

古森氏が立案した第二の創業に向けた中期経営計画では、何よりも従業員の強化を重視していた。そして、仕事の定石をまとめた富士フイルムウエイを浸透させ、従業員一人ひとりのケイパビリティを引き上げると同時に、「ビジネス五体論」の考え方に基づき、総合的な人間力の引き上げが重要だと説いた。会社が変われるかどうかは経営者の勇気と決断力に加え、経営者の決断に従業員が応えられるかどうかにかかっている。富士フイルムでは、古森氏による富士フイルムウエイという実践知を組織へ浸透させることにより、それを実現していった。富士フイルムウエイを礎として、従業員の強化と事業構造のトランスフォーメーションに成功した富士フイルムの道のりから見えてくるものは、イノベーションとマーケティングの完全な融合であり、相互の補強でもある。ここでいうマーケティングは、通常のマーケティングではなく、人間主義的なマーケティングである。実際、富士フイルムウエイそのものが、人間主義的経営および人間主義的マーケティングの範囲内で構成されている。

私は、マーケティング3・0と4・0の融合のベンチマーク例として、古森氏による富士フイルムの第二の創業を取り上げた。同社の第二の創業、そして「コトラー・古森ウエイ」は、マーケティングとイノベーションの未来の在り方の一つを示している。本章では「コトラー・古森ウエイ」の重要な要素をまとめるが、その前に、サステナビリティの必要性について改めて強調しておかなければならない。

すでに述べたとおり、21世紀の企業およびマーケターにはさほど選択肢がない。問題を作り出す側になるのか、あるいは解決策を提示する側になるのかしかないのである。ＳＤＧｓの達成に向けて、実施や実現可能性について多くの人が懸念している。ただ闇雲に17の目標に貢献しようとしても、企業はこの壮大な目標に対して意義ある貢献はできない。むしろ、企業がなすべきは、自らが有するケイパビリティや能力をダイナミックに開花させ、社外からも戦略的に新しい知識を受け入れながら、より野心的に達成可能な価値を追求することである。人類が直面する問題は、市場が直面する問題である。企業は、「顧客は困難な問題に直面している人間であって、その問題を解決できなければ、長きにわたり苦しむことになる」ということを考え、顧客への価値提案を拡大する必要がある。今や、消費者の幸福の長期的な意味合いを考え、企業がこれらの問題解決に取り組めるように組織の戦略的方向を再設定するときである。賢い企業であるならば、持てる知識や能力を棚卸しし、明日に備えるであろう。賢い企業は、混乱が表面化するのを待つのではなく、そのような混乱が不可避であることを認識し、多くの場合、その混乱の様子を前もって予期することができると考えている。富士フイルムはおぼろげに見えるデジタル化の混乱を認識できた。そして目指すべき未来を起点にしてバックキャストすることで、第二の創業を成功させた。同社は、予想される未来と現状のギャップを認識し、目指す目標を設定し、それら

まとめてみた。の長期目標に照らして戦略を都度調整した。以下に、「コトラー・古森ウエイ」の重要な要素を

(i) 組織の内部および境界を越えて分散する実践知

人類の繁栄に向けた大胆な戦略的調整には、経営者による先見の明が必要である。幸運なことに、富士フイルムでは古森氏が指揮をとった。特に富士フイルムウエイの実施を通じて、組織のあらゆる面に古森氏の実践知が組み込まれた。その断固たる決意、困難を乗り越える力、先見の明、従業員がフィルム全盛期から蓄えていた知識への信頼は、既存のおよび新規の顧客にとって、富士フイルムの新たな価値の源泉となった。富士フイルムの改革は、破壊をもって破壊を制する完璧な事例であると共に、従業員を信頼するリーダーの典型例でもある。これはもちろん、古森氏が市場のシグナルを感じ取っていなければ起こりえなかった。マーケティング3・0から明らかなように、人間主義的マーケティングではリーダーシップが鍵となっている。そのようなリーダーは、わずかではあっても意味のある情報源に基づき、リスクを引き受けることへの認識、用心深さ、意欲を十分に備え、外から内へ(アウトサイドイン)の思考法を持ち、発見と変革を進んで受け入れる傾向がある。外界に目を向けさせる高いレベルでの自覚と用心深さを備えていたため、古森氏は人間主義的リーダーシップを発揮できた。人間主義的リーダーは、意味形成に長けている傾向がある。

(ⅱ) 個人内および個人間での意味形成

富士フイルムの成功を理解するためには、個人内および個人間レベルでの意味形成（センスメイキング）を理解しなければならない。顧客を単なる消費者以上の存在、そして精神を持った人間として評価することの必要性は、マーケティング3・0でも明確に主張されており、同じ前提に基づいている。富士フイルムウエイでは、従業員一人ひとりが自らのケイパビリティを強化するために、自分自身の意識や行動を振り返ることが求められる。この内部での意味形成過程、すなわち理想的な「富士フイルム従業員」の育成は、個性化と自己肯定という既定の原則に依拠する。これらの原則はどちらも、人間主義に関する議論でたびたび紹介され、他者への共感的な志向を促している。理想的な富士フイルム従業員（ＦＦパーソン）をＦＦメソッド（すなわちSee-Think-Plan-Do）と組み合わせることで、古森氏は人間主義的な経営を経営科学でいまだかつて見たことのないレベルへと引き上げた。富士フイルムでは、個人内および個人間の意味形成が融合し、相互の意味形成がチームレベルでも顧客レベルでも生じている。従業員のやる気を引き出し、ケイパビリティを向上させることは、マーケティング3・0に不可欠な前提条件である。マーケティング3・0において、私は、従業員と顧客を同様に尊重することの必要性を強調しているが、富士フイルムウエイは、それが実現するメカニズムを提供している。富士フイルムウエイは、目標を達成するための唯一の方法ではないが、人間主義の視点から見ると理にかなった典型例であるといえる。従業員がそのように強化されれば、複数の波及効果が生まれ、企業が提供する顧客価値の引き上げへと結び付く。一般に、顧客志向もしくは市場志向と呼ばれている水準である。

(iii) 部門間での価値統合

富士フイルムウエイが実証しているのは、人間主義的リーダーシップに根ざした古森氏のビジョンが、イノベーションやマーケティングを含むすべての組織に拡散しているということである。イノベーションとマーケティング両方の機能が連携して、顧客価値の最適化という同じ目的に沿って動いている。日本企業においては、異なる部門を跨いだマーケティング機能の統合に関する議論をほとんど必要としない。なぜなら、日本企業の従業員は欧米企業の従業員と比較して、より頻繁に職務間を異動するからである。したがって、マーケティング知識を部門間で統合したり共有したりすることは、多くの日本企業にとっては当然のことである。欧米企業はいまだに日本の経営から多くを学ぶことができる。マーケティング書では、こぞって企業に市場志向を求めようとする。この指摘は欧米企業にとっては適しているが、日本企業はすでに先を行っているのである。古森氏のビジネス五体論は、市場価値の最適化を実現するための知識共創に大きな影響を与えた。

コトラー・古森ウエイとしての実践知マーケティング

理念としてのマーケティングは、何にでも適用できる。実際、意味のある価値の交換はあらゆる人的交流で生じ、組織レベルに限定されないという議論が存在する。効果的なリーダーの主な役割は、部下のやる気を上げる形で指示することである。すなわちマーケティングがなければ、分散型のリーダーシップは生まれない。これは特に、第二の創業の過程で、従業員に対して発信した古森氏のメッセージに見て取れる。このようなメッセージは、富士フイルムから（さらに以前は、富士写真フイルムから）富士フイルムホールディングスへの組織のリノベーションに従業員の「参加」を促す上で、または新たな企業ビジョン「Value from Innovation」を発する上で必須であった。

ただし、富士フイルムウエイは、リーダーからの単なるコミュニケーションではなく、まさに古森氏自身が考える人間的価値の真髄であり、実践知の分散である。意味形成に関する古森氏自身の考えが、従業員の能力開発に組み込まれた。古森氏の社内向けメッセージは、形式レベルの分散的実践知に相当するが、従業員のもとに価値を醸成し、その後、彼らが同じ価値を市場に分散させるのは暗黙レベルである。古森氏の価値は人類の繁栄に結び付いているので、人類固有のニーズをとらえている。とりもなおさず、マーケティング３・０の完全な実践なのである。富士フイルムの知識や能力は、本来、技術に紐づくものが多いが、これもまたデジタル化を通じて顧客に価値をもたらすというマーケティング4・0の基準と合致する。両者の融合は、富士フイルムによる人工知能（ＡＩ）活用へのアプローチ方法に見て取れる。人知（Human Intelligence）があってこそＡＩの力をフルに発揮できるのであり、「ＨＩ＋ＡＩ」という主張も理解できる。当然ながら、実践知マーケティングを実証するケーススタディは、他にも多く存在している。たとえば、Apple の組織文化全体に組み込まれた「深い思いやり」は、スティーブ・ジョブズによる分散的実践知であるとするカオの解説が思い出される。この深い思いやりという概念は、すべての偉大な人間主義的リーダーや思想的リーダーの根底に流れている。したがって、実践知マーケティングの要点は目新しいものではないが、実践知という普遍的な価値の更新を求めている。

実際、マーケティングやマネジメントに人間的側面からアプローチすることの必要性は、以前から論じられてきたが、古森氏のビジネス五体論は、人間的なマネジメントに対する重要かつ新規のアプローチを示している。しかし、実践のない理論は、音のないオーケストラと同じだ。富士フイルムウエイは、古森氏の人間としての価値が、分散的実践知のプロセスを通じてどのように従業員全体に組み込まれているか、また、リーダーの実践知がどのように組織全体に、また組織の境界を越えて流れ込んでいるかを示している。ここで、分散的実践知が伝達され、その後、組織の境界内および境界を越えて採り入れられていることを強調しておく。互いの尊厳、敬意、倫理感を再確認して、従業員に権限を付与することは、富士フイルムの重要な企業文化である。

従業員の中に本質的に生まれるのは、共感への傾向、すなわち仲間に対する共感的志向である。当然ながら、これは組織の境界を越えて広まり、それによって生まれた共感的な空間は、従業員と顧客の両方からの知識の共創を融合させる。従業員は、消費者インサイトを理解するために他の従業員を必要とする。野中氏は、日本の「場」が組織境界の内外が交差する螺旋状の文化的小宇宙であるとはっきり述べている。リーダーによる価値の分散は、市場志向と顧客志向の現実化を理解する上で、重要な新しい考え方を示している。

人類の繁栄に貢献しうる破壊的社会イノベーションと実践知マーケティングは、相互依存的なプロセスとして考えるべきである。ＳＤＧｓに取り組むためにイノベーションを活用するには、鋭敏な組織的意味形成が必要となる。組織にしてみれば、自らの実践知の性質を再評価する以外に選択肢はない。企業の未来には、実践知が必要である。なぜなら意味形成なしには、人類の繁栄と国連のＳＤＧｓ達成に向けて責任を果たす方法を見通すことが困難だからである。統合されたホリスティックな実践知マーケティングを認識することなく、企業はサステナビリティに対するコミットメントを生み出すことはできない。

古森氏は、富士フイルムの辿った改革の道のりを振り返り、同社の将来像を次のように描いている。古森氏の言葉で、本書を締めくくりたい。

富士フイルムは、主力ビジネスの急激な縮小という企業としての存亡の危機を経験した。

改革の過程で、明確な目標を示し、従業員一人ひとりをエンカレッジし、エンゲージさせ、合目的的なアクションにつなげ、企業改革を成功に導いた。経営として従業員に働きかけたこと、経営として重要視してきたことが、一連のイノベーションを興す起点になったことを幸いに思う。

コトラー教授は、マーケティングを世間一般に知られているような単に製品やサービスを売るための市場調査や広告、宣伝、販売などの企業活動と定義するのではなく、非常に幅広い概念で捉えている。当社が、優れた価値を持つ製品やサービスの提供を通じて、社会に貢献する存在として存続し続けるために使命感を持ち、全人間力で会社を引っ張ってきたことを「人間主義的マーケティング」「人間主義的イノベーション」と定義するならば、それは経営のエッセンスそのものだ。

未来において、社会課題は様々な問題がからみあい、複雑化するだろう。企業単独の力だけでは到底解決できるものではない。当社は「SVP2030」を旗印に、写真フィルム開発で培った多様な技術やAIといった新しい技術を活用し、同じ志をもつ人や組織との協業も採り入れながら、社会課題の解決を加速させていく。

私は、企業が進化していく過程には、3つの段階があると考えている。まず、環境の変化に対して、素早く、適切に対応できる企業だ。そして、環境変化に対応するだけに留まらず、変化を予測した動きができればなお良い。そして、最も良いのは、自ら変化を作り出すことができる企業である。富士フイルムは、今後、自ら変化を作り出すことにより、我々が生み出す新たな価値によって、産業や社会にインパクトを与える企業になることを目指している。

富士フイルムでは、まず、ＡＩを活用した医療ＩＴや再生医療などの分野で、変化を作り出す企業として実績を出している。これまで主に写真分野で培い発展させてきたナノテクノロジー、解析技術、合成技術、生産技術、品質管理技術などの広範な独自の技術、さらにグループ会社が持つ多彩な技術を結集することで、社会にポジティブな変化をもたらすような画期的で新しい価値を創出し、これからも変化を作り出せると考えている。

富士フイルムは、先進独自の技術で、新たな価値を提供し、さまざまな社会課題の解決に貢献するとともに、常に成長する企業であるために、絶えず向上し前進し続けるという、当社の強い意志と、立ち止まらずイノベーションに挑戦し続ける姿勢を、世界の人々に伝えていく。

この先、２０３０年、２０５０年もその歩みを止めることはない。

日本語版出版にあたって

古森　重隆

新型コロナウイルスとの闘いが続いている。フィリップ・コトラー教授との本共著『Never Stop――Winning through Innovation（英語版）』の執筆準備を開始した2019年春の時点では、この日本語版を上梓するタイミングで、人類が感染症と闘う最中にあるとは想像していなかった。

感染症は人類にとって、これまでも大きな脅威であった。14世紀半ばにヨーロッパ人口の約3分の1を失ったとされる「ペスト（黒死病）」や、20世紀前半に発生し、第1次世界大戦の終結につながったとの説もある「スペイン風邪」は、死者が数千万人とも1億人とも言われている。人類の歴史はまさに感染症との闘いの歴史でもあり、感染症対策はいつの時代においても社会から必ず必要とされることだ。

新型コロナウイルス感染症の世界的大流行という喫緊の課題を前にして、「優れた商品やサービスの提供を通じて社会に新たな価値・優れた価値を届ける」という企業の本源的な役割を、今ほど強く感じることはない。事業活動を通じた社会課題解決への貢献は、当社経営の根本精神である。2000年以降の写真フィルム需要の急激な減少という危機に対応し、大きく事業構造を転換していく中で、最も力を注いできた事業がヘルスケアである。ヘルスケアにおける「予防」、「診断」、「治療」それぞれの領域において、社会への大きな価値提供に結び付けてきた。現在、富士フイルムグループでは、新型コロナウイルス感染症流行の拡大抑止に貢献するための事業活動を全力で進めている。以下にその活動の一部をご紹介させていただく。

「予防」領域では、米国バイオテクノロジー企業が開発する新型コロナウイルス感染症のワクチン候補の原薬製造を米国・英国の当社生産拠点で受託した。「診断」領域では、PCR検査時間の大幅な短縮を実現する試薬の開発・販売や、肺炎診断に欠かせないX線画像診断システムや超音波診断装置などの提供、さらには自社のAI技術を用いた新型コロナウイルス肺炎の画像診断支援技術の開発を進めている。「治療」領域では、抗ウイルス剤の増産体制を国内外のパートナー企業との連携により早期に構築し、グローバルでの供給体制を整えた。他にも、米国の製薬企業が世界各国への普及を目指している新型コロナウイルス感染症向けの抗体医薬品の原薬製造をデンマーク拠点にて受託した。

2020年、人類社会は、予期せぬパンデミックを経験したわけだが、「コロナ後の世界」では、これを教訓とし、今後、国際社会の枠組みの中で、今回のように感染症を世界中に拡大させない仕組みを構築することが必要となる。今回のパンデミックがなぜ起きたのか、起きないようにするためにはどうすれば良いのか、また、世界各地で取られたこれまでの対応で、どの国のどのような対応が良かったのか、あるいは悪かったのかを分析・検証し、例えばWTOが中心となるなどしてマニュアルのようなものを整備し、将来に備えるべきだ。問題が起きた時、原因を究明し、対策を講じることは企業経営では当たり前のことであり、この当たり前のことを国際社会が協調して進めることが重要となる。

よりよいもの、より便利なもの、より心地よい生活を求めることは人間の根源的な欲求であり、また、それが有史以来の右肩上がりの経済発展の原動力となり、グローバル経済を発展させてきた。この流れは、「コロナ後の世界」においても不変だ。感染抑制と経済活性化のバランスをとりながら従前の活力ある社会に戻していく道筋を、策定し実行することが求められる。極めて難しい課題であり、時間はかかるであろうが、克服せねばならない課題である。人類がウイルスに屈することなどあってはならない。

我々も企業として、その過程で貢献できることに全力を挙げて取り組んでいく。当社は、幅広く事業を展開しているが、その全てに共通することは、「高い技術力で、いい製品、優れた製品、進んだ製品を社会に提供する」ことである。これまでも、またこれからも、富士フイルムはそのような会社であり続ける。

訳者あとがき

恩藏　直人

ビジネス書のタイプは様々だ。単著もあれば共著もある。事例を紹介したものもあれば、理論枠組みを整理したものもある。そうした従来までのタイプ分けからすると、本書『Never Stop』はかなり特殊だといえる。実務で見事なまでのリーダーシップを発揮し、富士フイルムの「第二の創業」を成し遂げ、デジタル・トランスフォーメーションをも推し進めてきた富士フイルムの古森重隆会長と近代マーケティングの父と呼ばれ、今日のマーケティングを体系化し、多くの理論枠組みを提唱してきたノースウェスタン大学のフィリップ・コトラー教授による対話書といえる。

魅力的な人物による対談は興味深い。それぞれが自らの意見を述べるとともに、相手の発言からインスピレーションを得て、話が思わぬ方向へと展開するからだ。ビジネスの世界では共創や協働といった視点で注目されているが、本書『Never Stop』では、まさにそれが書籍の中で実現されている。

富士フイルムは、いかにしてデジタル化という大きな波を越えられたのか。写真フィルム事業から、医療画像診断事業、再生医療事業、化粧品事業へと、いかにして多角化に成功できたのか。コトラー教授が提唱してきたソーシャル・マーケティング、マーケティング3・0、マーケティング4・0とは何なのか。本書では、これらを単に解説するだけではなく、「実践知」「従業員のケイパビリティ」「人間主義的経営」「コトラー・古森ウエイ」など、古森会長とコトラー教授の組み合わせならではのトピックが盛り込まれながら展開されている。

富士フイルムの取り組みは、ハーバード・ビジネススクールをはじめ多くの経営大学院で討議用の事例として取り上げられてきた。本書の**図表1・1**をご覧いただきたい。写真フィルムの世界需要は2000年にピークを迎えている。その時点で、既にデジタル化の波を感じることはできただろうが、その需要がわずか10年以内に10分の1にまで落ち込むことを予想できた人はほとんどいなかったはずだ。まさに、その2000年、古森氏は富士フイルムの社長に就任し、2003年にはCEOに就任している。

デジタル化の波は、富士フイルムに大きな危機とともに機会をもたらした。古森氏のリーダーシップにより、富士フイルムは単なるデジタルカンパニーへの変容にとどまることなく、「第二の創業」を成し遂げた。2007年には、写真フィルム事業の売上が約750億円とピーク時の4分の1となり、印画紙などを含めた写真事業全体でも約6800億円から3800億円に激減しているにもかかわらず、富士フイルムの売上高は2兆8468億円、営業利益は2073億円という過去最高の数字を達成している。同時期におけるコダックの凋落とは対照的だ。

写真に関するビジネスを単にデジタル化しても、事業規模はそれほど大きくはない。デジタル化によって、急速にコモディティ化も進む。古森会長は、これらの動きを読み、自社の技術の棚卸しに乗り出した。そして、デジタル化による破壊を機会に転換し、従来技術の強みを再利用することに成功した。製膜、薄膜塗布、精密形成、機能性ポリマー合成、ナノ分散、機能性分子合成、酸化還元処理など、写真フィルムの製造には様々な技術が含まれるが、これらの銀塩由来のコア技術は今日の富士フイルムの各事業の基盤技術となっている。デジタル化によって不要になると思われた技術が、将来の成長を支える技術のタネになっている。


マーケティングの古典的な発想の一つに「マーケティング・マイオピア（近視眼）」がある。目の前に存在している製品サービスに気を取られすぎていてはいけないという戒めの発想で、製品やサービスの背後に位置する人々のニーズを忘れるなというものだ。アメリカの鉄道会社は、自社が鉄道事業に従事しているという考えに固執して、背後にある輸送というニーズを忘れていたために、モータリゼーションの波に飲み込まれた。

本書『Never Stop』からは多くを学ぶことができるが、個人的には、自社のコア技術の可能性を挙げたい。富士フイルムでは、写真を通じて蓄積してきたコア技術を、写真とは関係のない各方面で開花させることに成功した。富士フイルムは「イノベーション・マイオピア」に陥ることなく、自社の技術を目の前の製品サービスに限定せず、様々な製品サービスの領域への展開に成功した。本書は単に一企業のエクセレンスな事例を紹介したものではなく、富士フイルムの取り組みを通じて、マーケティングやイノベーションに関して深く学ぶことのできる内容となっている。

最後になったが、本書は英語版として出版された『Never Stop』の日本語版である。英語版が出版されてから1年ほど経過していたこともあり、筆者と相談のうえ、数値的な部分など若干の加筆修正を施している。翻訳作業を通じて、富士フイルム関係者には、様々な調整役を果たしていただいた。また、日経BP日本経済新聞出版本部の細谷和彦氏には厳しいスケジュール管理と編集作業の労をお取りいただいた。この日本語版は、我々の共創によって、英語版を越える仕上がりになったと感じている。

参考文献

【第1章】

Clapper, Lori (2014), "Fujifilm Makes Leap from Photography to Ebola Treatment," *News Feature*, Outsourced Pharma, October 28, 2014. https://www.outsourcedpharma.com/doc/Fujifilm-makes-leap-photography-to-ebola-treatment-0001.

Chesbrough, Henry (2006), *Open Innovation: The New Imperative for Creating and Profiting from Technology* (Boston, MA: Harvard Business School Press).［ヘンリー・チェスブロウ著『ＯＰＥＮ ＩＮＮＯＶＡＴＩＯＮ――ハーバード流イノベーション戦略のすべて』大前恵一朗訳、産能大出版部］

Christensen, Clayton M. (1997), *The Innovator's Dilemma : When New Technologies Cause Great Firms to Fail*, (Boston, MA: Harvard Business School Press).［クレイトン・クリステンセン著『イノベーションのジレンマ――技術革新が巨大企業を滅ぼすとき（増補改訂版）』玉田 俊平太監修、伊豆原弓訳、翔泳社］

Christensen, Clayton M. (2003), *The Innovator's Dilemma: The revolutionary book that will change the way you do business* (New York, NY: HarperBusiness Essentials).

Christensen, Clayton, and James Euchner (2011), "Managing disruption: an interview with Clayton Christensen," *Research-Technology Management* 54, no. 1: 11-17.

Davidson, Cathy N. (2006), *36 Views of Mount Fuji: On Finding Myself in Japan* (Durham, NC: Duke

University Press).

EH News Bureau (2016), "Fujifilm Launches Amulet Innovality, New-Age Digital Mammography System," Express Healthcare News, March 9, 2016. https://www.expresshealthcare.in/trade-trends/Fujifilm-launches-amulet-innovality-new-age-digital-mammography-system/221213/.

Gavetti, Giovanni, Mary Tripsas and Aoshima Yaichi (2007), "Fujifilm: A Second Foundation," Harvard Business School, 9-807-137.

Ho, Jonathan C., and Chung-Shing Lee (2015), "A typology of technological change: Technological paradigm theory with validation and generalization from case studies," *Technological Forecasting and Social Change* 97: 128-139.

Ho, Jonathan C., and Hongyi Chen (2018), "Managing the Disruptive and Sustaining the Disrupted: The Case of Kodak and Fujifilm in the Face of Digital Disruption," *Review of Policy Research* 35, no. 3: 352-371.

Ito, Tomonori, Jesper Edman and Masa Suekane (2014), "Fujifilm and Kodak Surviving the Digital Revolution (A)," Graduate School of International Corporate Strategy ICS-113-009-E, Hitotsubashi University, Tokyo, Japan.

Komori, Shigetaka (2015), *Innovating Out of Crisis: How Fujifilm Survived (and Thrived) As Its Core Business Was Vanishing*, (Berkeley, CA: Bridge Press). ［古森重隆著『魂の経営』東洋経済新報社、２０１３］

Medimaging International stuff writer (2016), "World's First Ultra High Frequency Clinical Ultrasound System Receives CE Marking," Medimaging.net, Jan 17, 2016. https://www.medimaging.net/ultrasound/articles/294762277/worlds-first-ultra-high-frequency-clinical-ultrasound-system-receives-ce-marking.html.

Nikkei Asia Review (2016). "Fujifilm launches full-fledged regenerative medicine business." June 29, 2016. https://asia.nikkei.com/Business/Companies/Fujifilm-launches-full-fledged-regenerative-medicine-business.

Row, Jason (2018), "A Tale of Two Titans – Kodak and Fuji," LightStalking.com, Sep 30, 2018. https://www.lightstalking.com/a-tale-of-two-titans-kodak-and-fuji/.

Shih, Willy (2016), "The Real Lessons from Kodak's Decline," *MIT Sloan Management Review* 57, no. 4: 11-13.

【第2章】

Komori, Shigetaka (2015), *Innovating Out of Crisis.* ［前掲書『魂の経営』］

【第3章】

Ambady, Nalini, Sue K. Paik, Jennifer Steele, Ashli Owen-Smith and Jason P. Mitchell (2004), "Deflecting Negative Self-Relevant Stereotype Activation: The Effects of Individuation," *Journal of Experimental Social Psychology* 40, no. 3: 401-408.

Bain, Paul G., Jeroen Vaes and Jacques-Philippe Leyens (2014), "Advances in Understanding humanness and dehumanization," in Paul G. Bain, Jeroen Vaes, and Jacques-Philippe Leyens (Eds.), *Humanness and Dehumanization* (p.1–9), New York, NY: Psychology Press.

Clark, Andy (2008), *Supersizing the Mind: Embodiment, Action, and Cognitive Extension*. Oxford University Press USA.

Fincher, Katrina M., Philip E. Tetlock, and Michael W. Morris (2017), "Interfacing with Faces: Perceptual Humanization and Dehumanization." *Current Directions in Psychological Science* 26, no. 3: 288-293.

Fiske, Susan T. (2009), "From Dehumanization and Objectification to Rehumanization: Neuroimaging Studies on the Building Blocks of Empathy," *Annals of the New York Academy of Sciences* 1167(1): 31-34.

Jung, Carl G. (1967), *Two Essays on Analytical Psychology*, Collected Works of C.G. Jung, Vol. 7 (Princeton, NJ: Princeton University Press).

Kabat-Zinn, Jon (2005), *Coming to Our Senses: Healing Ourselves and the World Through Mindfulness* (London:Hachette UK).

Harris, Lasana T. and Susan T. Fiske (2006), "Dehumanizing the Lowest of the Low: Neuroimaging Responses to Extreme Out-groups," *Psychological science* 17, no. 10: 847-853.

Lysack, Miska (2012), "The Abolition of Slavery Movement as a Moral Movement: Ethical Resources, Spiritual Roots, and Strategies for Social Change." *Journal of Religion & Spirituality in Social Work: Social Thought* 31(1-2): 150-171.

Madsbjerg, Christian (2017), *Sensemaking: The Power of the Humanities in the Age of the Algorithm* (New York, NY: Hachette Books).

Nonaka, Ikujiro (1991), "The Knowledge-Creating Company," *Harvard Business Review* 69, 96-104.

Nonaka, Ikujiro, Toyama Ryoko and Noboru Konno (2000), "SECI, Ba and Leadership: A Unified Model of Dynamic Knowledge Creation," *Long Range Planning* 33, no. 1: 5-34.

Nonaka, Ikujiro and Noboru Konno (1998), "The Concept of 'Ba': Building a Foundation for Knowledge Creation." *California Management Review* 40, no. 3: 40-54.

Nonaka, Ikujiro, Toyama Ryoko and Hirata Toru (2010), *Managing Flow: The Dynamic Theory of Knowledge-Based Firm*, Toyokeizai-Shimposhya.［野中郁次郎・遠山亮子・平田透 著『流れを経営する――持続的イノベーション企業の動態理論』東洋経済新報社］

Nonaka, Ikujiro and Toyama Ryoko (2015), "The Knowledge-Creating Theory Revisited: Knowledge Creation as a Synthesizing Process," in John S. Edwards (Ed.), *The Essentials of Knowledge Management*, pp. 95-110 (London: Palgrave Macmillan)

Nonaka, Ikujiro, Ayano Hirose and Yusaku Takeda (2016), "'Meso'-Foundations of Dynamic Capabilities: Team-Level Synthesis and Distributed Leadership as the Source of Dynamic Creativity," *Global Strategy Journal* 6, no. 3 (August 18, 2016): 168-182.

Polanyi, Michael (1966), *The Tacit Dimension* (London: Routledge and Kegan Paul).［マイケル・ポランニー著『暗黙知の次元』高橋勇夫訳、ちくま学芸文庫］

Polanyi, Michael (2009), *The Tacit Dimension* (Chicago, IL: University of Chicago press).

Porter, Leslie J. and Steve J. Tanner (2012), *Assessing Business Excellence* (London: Routledge).

Salzberg, Sharon (2002), *Lovingkindness: The Revolutionary Art of Happiness* (Boulder, CO: Shambhala Publications).

Sen, Amartya (1999), *Development as Freedom* (Oxford: Oxford University Press).［アマルティア・セン著『自由と経済開発』石塚雅彦訳、日本経済新聞出版社］

Swencionis, Jillian K. and Susan T. Fiske (2014), "More Human: Individuation in the 21st Century," in Paul G. Bain, Jeroen Vaes, and Jacques-Philippe Leyens (Eds.), *Humanness and Dehumanization* (p. 276-293), New York, NY: Psychology Press.

Teece, David J. (1977), "Technology Transfer by Multinational Firms: The Resource Cost of Transferring Technological Know-How," *Economic Journal* 87, no. 346: 242-261.

Teece, David J. (2009), *Dynamic Capabilities and Strategic Management: Organizing for Innovation and Growth*. Oxford University Press on Demand.［デビッド・J・ティース著『ダイナミック・ケイパビリティ戦略――イノベーションを創発し、成長を加速させる力』谷口和弘・蜂巣旭・川西章弘ほか訳、ダイヤモンド社］

Todd, Steven (2009), Mobilizing Communities for Social Change: Integrating Mindfulness and Passionate Politics, in S. F. Hick, *Mindfulness and social work*, pp. 171-187 (Chicago, IL: Lyceum Books).

【第４章】

Baker, Michael (2014), Social Business – Everybody's Business, in R. Varey and M. Pirson (Eds.),

Humanistic Marketing (pp. 257-274), New York, NY: Palgrave Macmillan.

Bureau of European Policy Advisers (BEPA) (2011), Empowering People, Driving Change—Social Innovation in the European Union (Luxembourg: EC).

Booth, Kenneth (2007), *Theory of World Security* (Cambridge: Cambridge University Press).

Chesbrough, Henry (2006), *Open Innovation.* ［前掲書『OPEN INNOVATION』］

Cheng, Yo-Jud, J. and Boris Groysberg (2018), "Innovation Should Be a Top Priority for Boards So Why Isn't It?," Harvard Business Review, Sept 21, 2018, https://hbr.org/2018/09/innovation-should-be-a-top-priority-for-boards-so-why-isnt-it.

Cornell University, INSEAD, and WIPO (2018). The Global Innovation Index 2018: Energizing the World with Innovation. Ithaca, Fontainebleau, and Geneva.

Christensen, Clayton M. (1997), *The Innovator's Dilemma.* ［前掲書『イノベーションのジレンマ』］

Clarivate Analytics, Derwent Top 100 Global Innovators 2018-19. file:///C:/Users/ishab/Desktop/0192_Clarivate_Top100_Final.pdf.

de Bes, Fernando Trías and Philip Kotler (2011), *Winning at Innovation: The A-to-F Model,* (London: Palgrave Macmillan).

Fagerberg, Jan, Morten Fosaas and Koson Sapprasert (2012), "Innovation: Exploring the Knowledge Base," *Research policy* 41, no. 7(September 2012): 1132-1153.

GE Global Innovation Barometer 2018 (Full Report), Edelman Intelligence, Feb 2018, https://s3.amazonaws.com/dsg.files.app.content.prod/gereports/wp-content/uploads/2018/02/12141110/GE_

Global_Innovation_Barometer_2018-Full_Report.pdf.

Graham, Margaret B.W. and Alec T. Shuldiner (2001), *Corning and the Craft of Innovation* (New York, NY: Oxford University Press).

Hatvany, Nina and Vladimir Pucik (1981), "An Integrated Management System: Lessons from the Japanese Experience," *The Academy of Management Review* 6, no. 3: 469-480.

Hounshell, David (1995), "The Evolution of Industrial Research in the United States," in Richard S. Rosenbloom and W. J. Spencer (Eds), *Engines of Innovation, U.S. Industrial Research at the End of an Era* (Boston, MA: Harvard Business School Press).

Kanter, Rosabeth Moss (1983), *The Change Masters: Innovation and Entrepreneurship in the American Corporation* (New York, NY: Simon and Schuster). ［ロザベス・モス・カンター著『ザ・チェンジ・マスターズ――21世紀への企業変革者たち』長谷川慶太郎監訳，二見書房］

Lundvall, Bengt-Åke, ed (2010), *National Systems of Innovation: Toward a Theory of Innovation and Interactive Learning*, Vol. 2 (London: Anthem press).

Meissner, Dirk, Wolfgang Polt and Nicholas S. Vonortas (2017), "Towards a Broad Understanding of Innovation and Its Importance for Innovation Policy," *The Journal of Technology Transfer* 42, no. 5: 1184-1211.

Nonaka, Ikujiro and Hirotaka Takeuchi (1995), *The Knowledge-Creating Company: How Japanese Companies Create the Dynamics of Innovation* (New York, NY: Oxford University Press). ［野中郁次郎・竹内弘高著『知識創造企業』梅本勝博訳，東洋経済新報社］

O'Reilly　Ⅲ, Charles A. and Michael L. Tushman (2004), "The ambidextrous organization," *Harvard Business Review* 82, no. 4: 74.

Pasquale, Richard T. and Anthony G. Athos (1981), *The Art of Japanese management Applications for American Business* (New York, NY: Simon and Schuster). [リチャード・タナー・パスカル&アンソニー・G・エイソス著『ジャパニーズ・マネジメント――日本的経営に学ぶ』深田祐介訳、講談社]

Sako, M (1989), "Neither Markets nor Hierarchies: A Comparative Study of the PCB Industry in Britain and Japan," paper presented to the Conference on Comparing Capitalist Economies, Bellagio, Italy, May 29 -June 2.

Storey, C., P. Cankurtaran, P. Papastathopoulou and E.J. Hultink (2015), "Success Factors for Service Innovation: A Meta-Analysis," *The Journal of Product Innovation Management* 33(5): 527-548.

Tadajewski, Mark (2010), "Critical Marketing Studies: Logical Empiricism, 'Critical Performativity' and Marketing Practice," *Marketing Theory* 10(2): 210-222.

Teece, David J. (2007), "Explicating Dynamic Capabilities: The Nature and Microfoundations of (Sustainable) Enterprise Performance," *Strategic Management Journal* 28, no. 13: 1319-1350.

Tzeng, Cheng-Hua (2009), "A review of Contemporary Innovation Literature: A Schumpeterian Perspective," *Innovation* 11, no. 3: 373-394.

Teece, David J., Gary Pisano and Amy Shuen (1997), "Dynamic Capabilities and Strategic Management," *Strategic Management Journal* 18, no. 7: 509-533.

Kuniyoshi, Urabe et al (ed.) (1988), "Innovation and the Japanese Management System," in *Innovation and*

Management: International Comparisons (Berlin: Walter de Gruyter).
Westley, Frances, Katharine McGowan and Ola Tjornba (2017), The History of Social Innovation, pp. 1-18, In Frances Westley, Katharine McGowan and Ola Tjornba (eds.), *The Evolution of Social Innovation: Building Resilience Through Transitions* (Cheltenham: Edward Elgar Publishing).
von Hippel, Eric (2007), "The Sources of Innovation," *Das Summa Summarum des Management*: 111-120.
Zhang, Yingying, Yu Zhou and Jane McKenzie (2013), "A Humanistic Approach to Knowledge-Creation: People-Centric Innovation," in Kimio, Kase and César González Cantón, *Towards Organizational Knowledge: The Pioneering Work of Ikujiro Nonaka* (London: Palgrave Macmillan).

【第5章】

Beckert, Sven and Seth Rockman (2016), *Slavery's Capitalism: A New History of American Economic Development* (Philadelphia, PA: University of Pennsylvania Press).
Beckles, Hilary (2013), *Britain's Black Debt: Reparations for Caribbean Slavery and Native Genocide* (Kingston: University of West Indies Press).
Bifue, Ushijima (2013), Fujifilm Finds New Life in Cosmetics, ［牛島美笛取材・文「【富士フイルム】写真技術で女性の肌を美しく」ニッポンドットコム］ https://www.nippon.com/en/features/c00511/Fujifilm-finds-new-life-in-cosmetics.html.
Calvard, Thomas S. and James Hine (2014), "Global Tensions between Mainstream Economic Discourse and International Humanistic Management Agendas: Investigating the Challenges Facing

Organizational Stakeholders in Modern Market Societies," in Nathaniel C. Lupton and Michael Pirson (eds), *Humanistic Perspectives on International Business and Management. Humanism in Business Series* (London: Palgrave MacMillan).

Chang, Ha-Joon (2012), *23 Things They Don't Tell You About Capitalism* (New York, NY: Bloomsbury Publishing USA).

Chesbrough, Henry (2003), "The Logic of Open Innovation: Managing Intellectual Property," *California Management Review* 45, no. 3: 33-58.

Dierksmeier, Claus (2016), *Reframing Economic Ethics: The Philosophical Foundations of Humanistic Management* (London: Palgrave Macmillan).

Gray, John (2006), "Reply to Critics," *Critical Review of International Social and Political Philosophy* 9, no. 2: 323-347.

Inikori, Joseph E. (1987), "Slavery and the Development of Industrial Capitalism in England," *The Journal of Interdisciplinary History* 17, no. 4: 771-793.

Johnson, Paul (2010), *Making the Market: Victorian Origins of Corporate Capitalism* (New York, NY: Cambridge University Press).

Kodama, Mitsuru and Tomoatsu Shibata (2016), "Developing Knowledge Convergence through a Boundaries Vision: A Case Study of Fujifilm in Japan," *Knowledge and Process Management* 23, no. 4: 274-292.

Kotler, Philip (2015), *Confronting Capitalism: Real Solutions for a Troubled Economic System* (New York,

NY: AMACOM Books).［フィリップ・コトラー著『資本主義に希望はある――私たちが直視すべき14の課題』倉田幸信訳、ダイヤモンド社］
Klein, Naomi (2007), *The Shock Doctrine: The Rise of Disaster Capitalism* (London: Macmillan Publishers).［ナオミ・クライン著『ショック・ドクトリン――惨事便乗型資本主義の正体を暴く』（上下巻）幾島幸子・村上由見子訳、岩波書店］
Nonaka, Ikujiro (1991), "The Knowledge-Creating Company," *Harvard Business Review* 69 (6 Nov-Dec): 96-104.
Nonaka, Ikujiro, Ryoko Toyama and Noboru Konno (2000), "SECI, Ba and Leadership: A Unified Model of Dynamic Knowledge Creation," *Long range planning* 33, no. 1: 5-34.
Nonaka, Ikujiro and Noboru Konno (1998), "The Concept of 'Ba': Building a Foundation for Knowledge Creation," *California Management Review* 40, no. 3: 40-54.
Nonaka, Ikujiro, Ryoko Toyama and Toru Hirata (2010), *Managing Flow*.［前掲書『流れを経営する』］
Nonaka, Ikujiro, Ayano Hirose and Yusaku Takeda (2016), "'Meso'-Foundations of Dynamic Capabilities: Team-Level Synthesis and Distributed Leadership as the Source of Dynamic Creativity," *Global Strategy Journal* 6, no. 3: 168-182.
Pirson, Michael (2017), "A Humanistic Perspective for Management Theory: Protecting Dignity and Promoting Well-Being," *Journal of Business Ethics* 159, no. 3, 39-57.
Reich, Robert B. (2015), *Saving Capitalism: For the Many, Not the Few* (New York, NY: Vintage Books).［ロバート・B・ライシュ著『最後の資本主義』雨宮寛・今井章子訳、東洋経済新報社］

Sen, Amartya (1999), *Development as Freedom.*［前掲書『自由と経済開発』］

Taifi, Nouha and Giuseppina Passiante (2012), "Speeding up 'New Products and Service Development' through Strategic Community Creation: Case of Automaker After-Sales Services Partners," *The Service Industries Journal* 32, no. 13: 2115-2127.

Von Kimakowitz, Ernst, Michael Pirson, Heiko Spitzeck, Claus Dierksmeier and Wolfgang Amann (2010), *Humanistic Management in Practice* (London: Palgrave Macmillan).

【第6章】

Komori, Shigetaka (2015), *Innovating Out of Crisis.*［前掲書『魂の経営』］

【第7章】

Adair, John E. (2005), *How to Grow Leaders: The Seven Key Principles of Effective Leadership Development* (London: Kogan Page).

Bekker, Corné J. (2010), "A Modest History of the Concept of Service as Leadership in Four Religious Traditions," in Dirk van Dierendonck and Kathleen Patterson (eds), *Servant Leadership: Developments in Theory and Research*, pp55-66 (New York, NY: Macmillan).

Collins, Jim (2001), *Good to Great: Why Some Companies Make the Leap*：*And Others Don't* (New York, NY: Harper Business).［ジム・コリンズ著『ビジョナリー・カンパニー2――飛躍の法則』山岡洋一訳、日経ＢＰ］

Collins, Jim (2001), “Level 5 Leadership: The Triumph of Humility and Fierce Resolve,” *Harvard Business Review* 79, no. 1: 66-76.

Dale, Katherine R., Arthur A. Raney, Sophie H. Janicke, Meghan S. Sanders and Mary Beth Oliver (2017), “YouTube for Good: A Content Analysis and Examination of Elicitors of Self-Transcendent Medi,” *Journal of Communication* 67, no. 6: 897-919.

Daft, Richard L. (2007), *The Leadership Experience* (Boston, MA: South-Western College).

El-Meligi, A. Moneim (2005), *Leading Starts in the Mind–A Humanistic View of Leadership* (Singapore: World Scientific Publishing).

Kao, Rich (2018), *Disruptive Leadership: Apple and the Technology of Caring Deeply: Nine Keys to Organizational Excellence and Global Impact* (New York, NY: Productivity Press).

Koltko-Rivera, Mark E. (2006), “Rediscovering the Later Version of Maslow’s Hierarchy of Needs: Self-Transcendence and Opportunities for Theory, Research, and Unification,” *Review of General Psychology* 10, no. 4: 302-317.

Kotler, Philip and John A. Caslione (2009), *Chaotics: The Business of Managing and Marketing in the Age of Turbulence* (AMACOM Books).［フィリップ・コトラー＆ジョン・キャスリオーネ著『カオティクス――波乱の時代のマーケティングと経営』齋藤慎子訳、東洋経済新報社］

Komori, Shigetaka (2015), *Innovating Out of Crisis*.［前掲書『魂の経営』］

Nonaka, Ikujiro and Hirotaka Takeuchi (2011), “The wise leader,” *Harvard Business Review* 89, no. 5: 58-67.

Nonaka Ikujiro, Katsumi Akira (2015), *Zen-in Keiei* (Tokyo: Nihon Keizai Shinbunsya).［野中郁次郎・勝見明著『全員経営——自律分散イノベーション企業 成功の本質』日本経済新聞出版］

Oliver, Mary Beth and Anne Bartsch (2011), "Appreciation of Entertainment," *Journal of Media Psychology* 23, no 1. 29-33.

Patterson, Kathleen (2010), "Servant Leadership and Love," in Dirk van Dierendonck and Kathleen Patterson (eds), *Servant Leadership: Developments in Theory and Research*, p. 67-76 (New York, NY: Macmillan).

Patterson, Kathleen (2006), "Servant-Leadership: A Brief Look at Love and the Organizational Perspective," *The International Journal of Servant-Leadership* 2, no. 1: 287–296.

Sipe, James W. and Don M. Frick (2015), *Seven Pillars of Servant Leadership: Practicing the Wisdom of Leading by Serving* (Mahwah, NJ: Paulist Press).

Strauch, Alexander (2006), *A Christian Leader's Guide to Leading with Love* (Colorado Springs, CO: Lewis & Roth Publishers).

Turner, William B. (2000), *The Learning of Love: A Journey toward Servant Leadership* (Macon, GA: Smyth & Helwys Publishing).

Winston, Bruce E. (2002), *Be a Leader for God's Sake: From Values to Behaviors* (Virginia Beach, VA: Regent University, School of Leadership Studies).

【第8章】

Brown, Stephen (2002), "The Spectre of Kotlerism: A Literary Appreciation," *European Management Journal* 20, no. 2: 129-146.

Dierksmeier, Claus and Michael Pirson (2010), "The Modern Corporation and the Idea of Freedom." *Philosophy of Management* 9, no. 3: 5-25.

Dühring, Lisa (2017), "The History of Marketing Thought," in Reassessing the Relationship between Marketing and Public Relations: New Perspectives from the Philosophy of Science and History of Thought, pp. 115-194 (Wiesbaden: Springer VS).

Huczyenski, Andrzej (2012), *Management Gurus* (London: Routledge).

Kennedy, Carol (1998), *Philip Kotler: In Guide to the Management Gurus: Shortcuts to the Ideas of Leading Management Thinkers*, p. 109-114 (New York, NY: Century Business).

Kotler, Philip and Sidney J. Levy (1969), "Broadening the Concept of Marketing," *Journal of Marketing* 33, no. 1: 10-15.

Kotler, Philip (1971a), "The Elements of Social Action," *American Behavioral Scientist* 14, no. 5: 691-717.

Kotler, Philip (1971b), "What Consumerism Means for Marketers," *Harvard Business Review* 50, no. 3: 47-58.

Kotler, Philip (1971c), *Marketing Decision-Making: A Model Building Approach* (New York, NY: Holt, Rinhart, Wintson, Inc).

Kotler, Philip and Gerald Zaltman (1971), "Social Marketing: An Approach to Planned Social Change."

Journal of Marketing 35, no. 3: 3-12.

Kotler, Philip and Sidney J. Levy (1971), “Demarketing, Yes, Demarketing,” *Harvard Business Review* 49, no. 6: 74–80.

Kotler, Philip (2005), “The Role Played by the Broadening of Marketing Movement in the History of Marketing Thought,” *Journal of Public Policy & Marketing* 24, no. 1: 114-116.

Kotler, Philip (2006), “Ethical Lapses of Marketers,” in Jagdish N Sheth and Rajendra S Sisodia (eds), *Does Marketing Need Reform?: Fresh Perspectives on the Future*, p. 153-157 (Armonk, NY: M.E. Sharpe).

Kotler, Philip (2011), “Philip Kotler’s Contributions to Marketing Theory and Practice,” in Naresh K. Malhotra, *Review of Marketing Research: Special Issue: Marketing Legends*, p. 87-120 (Bingley: Emerald Publishing).

Kotler, Philip and John A. Caslione (2009), *Chaotics*.［前掲書『カオティクス』］

Kotler, Philip, Hermawan Kartajaya and Iwan Setiawan (2010), *Marketing 3.0: From Products to Customers to the Human Spirit* (Hoboken, NJ: John Wiley & Sons).［フィリップ・コトラー＆ヘルマワン・カルタジャヤ＆イワン・セティアワン著『コトラーのマーケティング３・０——ソーシャル・メディア時代の新法則』恩藏直人監訳、藤井清美訳、朝日新聞出版］

Kotler, Philip (2015), *Confronting Capitalism*.［前掲書『資本主義に希望はある』］

Laczniak, Gene R. and Donald A. Michie (1979), “The Social Disorder of the Broadened Concept of Marketing.” *Journal of the Academy of Marketing Science* 7, no. 2: 214-232.

London, Slmon (2005), Fitting Tribute to a Pioneering Thinker, *Financial Times*, November 18.

Luck, David J. (1969), "Marketing Notes and Communications: Broadening the Concept of Marketing—Too Far," *Journal of Marketing* 33, no. 3: 53-55.

Luck, David J. (1974), "Social Marketing: Confusion Compounded: What Is Social Marketing...and Why Is It Important That We Know?" *Journal of Marketing* 38, no. 4: 70-72.

Shabbir, H., M. Hyman, D. Dean and S. Dahl (2019 in press), "'Freedom Through Marketing' Is Not Doublespeak," *Journal of Business Ethics* 164: 227–241.

Repiev, Alexander (2002), Kotler and the Kotleroids, Mekka Consulting, http://repiev.ru/doc/Kotleroids-Eng.pdf.

Sen, A. (1999), *Development as Freedom*.［前掲書『自由と経済開発』］

Shultz, Clifford J. (2015), "The Ethical Imperative of Constructive Engagement in a World Confounded by the Common's Dilemma, Social Traps, and Geopolitical Conflicts," in Nill Alexander (ed), *Handbook on Ethics and Marketing*, p.188-219 (Cheltenham: Edward Elgar Publishing).

Varey, Richard and Michael Pirson (eds) (2013), *Humanistic marketing* (New York, NY: Palgrave MacMillan).

Waytz, Adam, Juliana Schroeder and Nicholas Epley (2013), "The Lesser Minds Problem," in P. G. Bain, J. Vaes and J. P. Leyens (eds), *Humanness and Dehumanization*, p. 57-75 (New York, NY: Psychology Press).

【第9章】

Bartels, Gerard C. and Wil Nelissen (2002), *Marketing for Sustainability: Towards Transactional Policy-Making* (Amsterdam: IOS Press).

Burgess, Cameron, Astrid Scholz, Arthur Wood, Selian Audrey (2018), "How a Transformative Approach to Collaboration and Finance Supports Citizens, Governments, Corporations, and Civil Society to Share the Burdens and the Benefits of Solving Wicked Problems," https://trillions.global/wp-content/uploads/2020/04/Billions_to_Trillions_2020.pdf

Hutton, Guy and Mili Varughese (2016), The Costs of Meeting the 2030 Sustainable Development Goal Targets on Drinking Water, Sanitation, and Hygiene Summary Report: Water Sanitation Program, World Bank Group.

Frankl, Viktor E. (1985), *Man's search for meaning* (revised & updated ed.), (New York, NY: Washington Square Press).［ヴィクトール・E・フランクル著『夜と霧』（新版）池田香代子 訳、みすず書房］

Jack, Andrew (2015), Experts Divided Over Value of UN Sustainable Development Goals, *Financial Times*, Sept 15, 2015, https://www.ft.com/content/1ac2384c-57bf-11e5-9846-de406ccb37f2.

Ryan, Richard M. and Veronika Huta (2009), "Wellness as Healthy Functioning or Wellness as Happiness: The importance of Eudemonic Thinking (response to the Kashdan et al. and Waterman discussion)," *The Journal of Positive Psychology* 4, no. 3: 202-204.

Ryff, Carol D. and Corey Lee M. Keyes (1995), "The Structure of Psychological Well-Being Revisited," *Journal of personality and social psychology* 69, no. 4: 719.

Spaiser, Viktoria, Shyam Ranganathan, Ranjula Bali Swain and David JT Sumpter (2017), "The Sustainable Development Oxymoron: Quantifying and Modelling the Incompatibility of Sustainable Development Goals," *International Journal of Sustainable Development & World Ecology* 24, no. 6: 457-470.

Swain, Ranjula Bali (2018), "A critical analysis of the Sustainable Development Goals," in *Handbook of Sustainability Science and Research*, p. 341-355.

The Economist (2015). The 169 commandments, March 26, 2015. https://www.economist.com/leaders/2015/03/26/the-169-commandments.

The United Nations, Sustainable Development Knowledge Platform (2012), "United Nations Conference on Sustainable Development, Rio + 20," https://sustainabledevelopment.un.org/rio20.html. Accessed 14 January 2020.

The United Nations General Assembly (2015), "Transforming Our World: The 2030 Agenda for Sustainable Development" (A/RES/70/1), October 21, 2015. https://www.un.org/ga/search/view_doc.asp?symbol=A/RES/70/1&Lang=E. Accessed 14 January 2020.

Wong, Paul T. P. (2015), "The Meaning Hypothesis of Living a Good Life: Virtue, Happiness, and Meaning," in research working group meeting for Virtue, Happiness, and the Meaning of Life Project (Columbia, SC: University of South Carolina).

Fabry, Joseph B. (1994), *The Pursuit of Meaning* (new revised ed.), (Abilene, TX: Institute of Logotherapy Press).

Wong, Paul T. P. (1998), "Implicit Theories of Meaningful Life and the Development of the Personal

Meaning Profile," in Paul T. P. Wong and P. Fry (eds.), *The Human Quest for Meaning: A Handbook of Psychological Research and Clinical Applications* (Mahwah, NJ: Erlbaum).

Wong, Paul T. P. (2016), "Meaning-Seeking, Self-Transcendence, and Well-Being," in A. Batthyany (ed.), *Logotherapy and Existential Analysis: Proceedings of the Viktor Frankl Institute* 1: pp. 311-322 (Cham, CH: Springer).

【第10章】

Komori, Shigetaka (2015), *Innovating Out of Crisis*.［前掲書『魂の経営』］

〈著者紹介〉

フィリップ・コトラー（Philip Kotler）

近代マーケティングの父
ノースウェスタン大学ケロッグ経営大学院SCジョンソン＆サン特別教授

シカゴ大学経済学修士、マサチューセッツ工科大学（MIT）経済学博士。デジタルマーケティング、マーケティング分析、カスタマージャーニー分析、マーケティングイノベーションなどで卓越した実績を残す。世界で最も注目すべき経営思想家を選ぶ「Thinkers 50」のひとり（2019年）。世界各地の大学から多くの賞や名誉学位を授与されている。60冊以上の著書と100を超える論文がある。

古森重隆（こもり・しげたか）

富士フイルムホールディングス代表取締役会長兼CEO

1963年東京大学経済学部卒業後、富士写真フイルム（現富士フイルムホールディングス）に入社。主に印刷材料や記録メディアなどの部門を歩む。96年〜2000年富士フイルムヨーロッパ社長。2000年代表取締役社長、03年代表取締役社長兼CEOに就任。デジタル化の進展に対し、経営改革を断行し事業構造を大転換。液晶ディスプレイ材料や医療機器などの成長分野に注力し、業績をV字回復させた。12年6月より現職。
著書に『魂の経営』（東洋経済新報社）、『君は、どう生きるのか』（三笠書房）がある。

〈訳者紹介〉

恩藏直人（おんぞう・なおと）

早稲田大学商学学術院教授

1982年早稲田大学商学部卒業後、同大学大学院商学研究科を経て、1996年より教授。専門はマーケティング戦略。コトラーに関する翻訳書多数。著書に『マーケティング〈第2版〉』（日経文庫）、『マーケティングに強くなる』（ちくま新書）、『コトラー、アームストロング、恩藏のマーケティング原理』（共著、丸善出版）等がある。

NEVER STOP
イノベーティブに勝ち抜く経営

2021年2月18日　1版1刷
2021年3月24日　4刷

著　者　フィリップ・コトラー
古森重隆

訳　者　恩藏直人
発行者　白石　賢
発　行　日経BP
日本経済新聞出版本部
発　売　日経BPマーケティング
〒105-8308　東京都港区虎ノ門4-3-12
カバーデザイン　新井大輔
DTP　マーリンクレイン
印刷・製本　中央精版印刷

Printed in Japan　ISBN978-4-532-32376-9